肉羊高效繁育实用新技术

◎ 姜勋平 韩燕国 聂 彬 编著

中国农业科学技术出版社

图书在版编目（CIP）数据

肉羊高效繁育实用新技术／姜勋平，韩燕国，聂彬编著．—北京：中国农业科学技术出版社，2018.8

ISBN 978-7-5116-3752-9

Ⅰ．①肉…　Ⅱ．①姜…②韩…③聂…　Ⅲ．①肉用羊-饲养管理　Ⅳ．①S826.9

中国版本图书馆 CIP 数据核字（2018）第 131228 号

责任编辑　贺可香
责任校对　李向荣

出 版 者　中国农业科学技术出版社
北京市中关村南大街 12 号　邮编：100081
电　　话　（010）82109194（编辑室）（010）82109702（发行部）
（010）82109709（读者服务部）
传　　真　（010）82106650
网　　址　http://www.castp.cn
经 销 者　各地新华书店
印 刷 者　北京富泰印刷有限责任公司
开　　本　880 mm×1 230 mm　1/32
印　　张　5.625　彩插　8 面
字　　数　180 千字
版　　次　2018 年 8 月第 1 版　2018 年 8 月第 1 次印刷
定　　价　48.00 元

序　言

近年来，随着我国城乡居民生活水平的不断提高和膳食结构的持续改善，肉羊市场产销两旺的发展势头强劲。但我国肉羊的规模化生产仍处于起步阶段，目前我国用于肉羊生产的专门化品种数量不多，生产水平有限，引进品种退化严重，肉羊产业机械化、信息化和商业化程度较低，制约了我国肉羊产业的进一步发展。

目前，肉羊产业迫切需要标准化饲养条件下的肉羊繁育新技术和新方法。同时，肉羊产业由传统畜牧业向现代畜牧业转型升级，互联网技术正扮演着越来越重要的角色。

《肉羊高效繁育实用新技术》对肉羊选种选配方法、种羊培育、繁殖规律、繁殖技术和管理技术、智慧羊场的概念和内涵等进行了系统的阐述，顺应肉羊产业发展的时代需要，贴近现代化养殖企业和养殖户的需求，是产业发展、企业增收和广大养殖户脱贫致富的好帮手。

该书的出版，对于加快发展肉羊产业，优化畜牧业结构、增加农牧民收入、满足居民肉类消费需求具有十分重要的意义。作为同行，深感欣慰，特书此序。

2016 年 12 月

著作说明

全书由姜勋平（华中农业大学）、韩燕国（西南大学）、聂彬（十堰市科技学校）统稿并定稿。

在本书编写过程中，得到我国著名的养羊专家荣威恒研究员、张英杰教授等专家的指导、鼓励和帮助，作者在此表示衷心感谢。彩图部分收集了来自于家养动物种质资源平台（中国农业科学院北京畜牧兽医研究所，2014）的部分图片，其他图片得到了来自四川农业大学张红平教授、云南省畜牧兽医科学院研究所邵庆勇研究员、河套学院梅步俊博士、石河子大学韩吉龙博士等的大力帮助，在此表示衷心感谢。由于作者写作水平和时间所限，书中疏漏之处在所难免。敬请读者和同行批评指正。

目　　录

绪　论

一、我国肉羊产业发展现状

自20世纪80年代末以来，中国已成为世界第一养羊大国，羊的出栏量和羊肉产量均居世界第一位。羊肉产量已经由1980年的45.1万吨迅速增加到2013年的380.3万吨，年均增长速度为9.30%，远高于世界2.20%的平均增长速度。与此同时，羊肉在我国肉类产量中的比重不断提高，由1980年的3.7%提高到2013年的5.22%，占畜牧业总产值的比重提高到6.13%。加快发展肉羊产业，对于优化畜牧业结构、增加农牧民收入、满足居民肉类消费需求、提高人们的生活水平具有重要作用。肉羊遗传改良是现代肉羊产业发展的基础，是提高肉羊产业竞争力的重要手段。近30年来，我国养羊业的育种方向逐渐由毛用为主转向肉用为主，肉羊良种繁育和遗传改良工作稳步推进，对肉羊产业发展起到了重要的推动作用。

（一）绵羊、山羊遗传资源丰富多样

我国绵羊、山羊遗传资源非常丰富，生产分布较广。列入《中国羊遗传资源志》的地方品种100个（绵羊42个、山羊58个），分布在全国31个省（区）市。地方品种耐粗饲、抗逆和抗病性强，是培育新品种和保证我国养羊产业可持续发展的宝贵资源。近10年来，我国已育成2个肉用山羊和3个肉用绵羊品种。此外，还从国外引进了大量肉羊品种，进一步丰富了我国肉

羊遗传资源。这些种质资源为开展肉羊遗传改良奠定了良好的基础，有力地促进了肉羊产业的发展。

（二）良种繁育体系初步建立，良种覆盖率迅速提高

国家和各地方农业主管部门公布有国家级和省级畜禽遗传资源保护名录。湖羊、小尾寒羊等27个品种被纳入国家级畜禽遗传资源保护名录，建立有4个国家级羊资源保护区和17个国家级羊资源保种场。以原种场、资源场、繁育场为核心，初步建立了满足各种生产方式、生态条件、生产规模需求的肉羊良种繁育体系。良种覆盖率迅速提高，优势区肉羊良种覆盖率已经由2002年的30%提高到2012年的45%。2013年我国共有1 465家种羊场，其中绵羊种羊场644个，存栏种羊212.4万只，山羊种羊场812个，存栏种羊58.3万只。

（三）生产水平稳步提高

随着良种的不断普及和饲养方式的逐步改善，我国肉羊生产水平明显提高。2013年，全国羊存栏量和出栏量分别为2.90亿只和2.76亿只，比1980年分别增加1.03亿只和2.34亿只；羊肉产量408.1万吨，是1980年的9倍；羊出栏率由1980年的23%提高到95%；胴体重由10.5kg提高到14.8kg。

二、我国肉羊产业发展趋势

加快肉羊产业的发展，就要不断加大肉羊遗传育种与繁育技术的探索，进一步完善肉羊良种繁育体系，加快肉羊遗传改良进程，提高肉羊生产水平，增加肉羊养殖效益。

（一）加快品种良种化进程

发挥市场配置资源的决定性作用，确定重点选育的地方品种、育成品种、引进品种和新培育品种，以提高个体生产性能和产品品质为主攻方向，强化育种规划和杂交利用的指导，逐步完善肉羊良种繁育体系。此外，还要按照各地区生态条件和生产潜

力，搞好品种区域规划。

完善肉羊生产性能测定和遗传评估工作。推进全国肉羊遗传评估中心、主产区生产性能测定中心和原种场建设。以国家肉羊核心育种场为载体，规范肉羊品种登记、生产性能测定、种羊遗传评估等育种工作，提升优良种羊的供种能力，促进肉羊产业持续健康发展。

（二）加快繁殖调控技术在肉羊中的应用，不断提高肉羊繁殖率

高繁殖性能是肉羊生产追求的主要目标之一。在肉羊生产中，根据肉羊的繁殖规律，利用激素处理、人工授精、胚胎移植等繁殖调控技术可以提高母羊的排卵率、怀孕率，扩大优良精液和胚胎的推广率，从而提高肉羊的生产性能。因此，加快繁殖调控技术在肉羊中的应用，可以不断提高肉羊繁殖率，加快肉羊产业的发展。

（三）加快肉羊产业信息化建设，建立和完善科技推广服务体系

借助于互联网技术和发达的物流渠道，使传统养羊业向现代化、信息化养羊业转型，包括设施的升级及商业模式的演变，同时还要建立和完善科技推广服务体系，不断提高养羊生产的科技含量和经济效益，形成信息化的智慧羊场。

第一章　场内选种和种羊培育

第一节　肉羊品种

良种是肉羊产业发展的基础。目前，我国用于肉羊生产的品种主要是地方品种及其杂交后代，生产效率低，缺乏专门化的肉羊品种。地方品种具有适应性强、耐粗饲、繁殖力高和肉质好等特点，在中国发展肉羊业，就要合理地利用地方良种的这些优势，结合引入国外产肉性能好的品种，培育适合国内市场的专门化肉羊品种，进行肉羊的高效生产。下面就目前在国内主要推广和使用的地方品种、引入品种和培育品种进行介绍。

一、地方山羊品种

（一）马头山羊

1. 原产地及体型外貌

马头山羊主要分布在湖北省（十堰、恩施）、湖南省（常德、黔阳）、陕西和四川等省市，已经有1 000多年饲养历史，农业部将它列为“九五”星火重点开发项目，1992年国际小母牛基金会又推荐它为亚洲首选肉用山羊品种，“石门马头山羊”在2013年获国家地理标志保护产品。因此，马头山羊是进行肉羊规模化生产的一个优良候选品种。

马头山羊被毛短粗，以白色为主，其中有少量麻色、黑色和杂色。公、母羊均无角，头形似马，性情温和。公羊在4月龄后额顶部长出具有雄性特征的长毛。体型呈长方形，皮厚松软，前胸发达，背腰平直，后躯肋骨开张良好，臀宽大（图 1-1）。

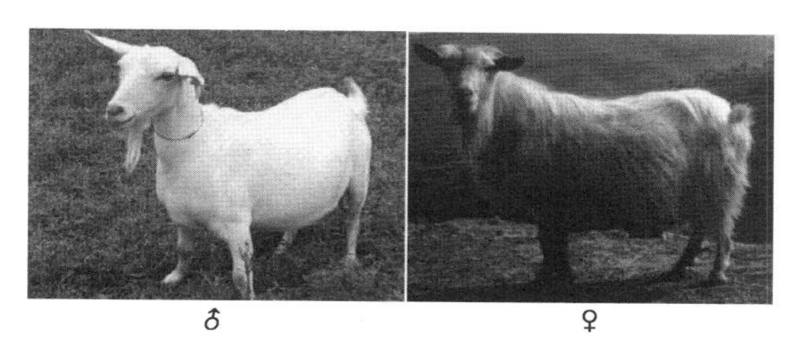

图 1-1　马头山羊

2. 生产性能

马头山羊生长和繁殖性能如表 1-1 所示。

表 1-1　马头山羊生长和繁殖性能

年龄	性别	体重(kg)	屠宰率(%)	胎/年	胎产羔率(%)	双羔率(%)	初配年龄(月)	利用年限(年)	发情季节
初生	公（单羔）	1.95							
	公（双羔）	1.70							
	母（单羔）	1.92							
	母（双羔）	1.65							
6 月龄	公	16.10	41						
	母	14.60	40	2 胎/年或 3 胎/两年	182	46	8~10	5~7	全年
	阉	21.68	49						
周岁	公	26.80	44						
	母	23.90	43						
	阉	28.90	52						
成年	公	43.81	50						
	母	33.70	48						
	阉	35.48	56						

3. 利用效果

目前，马头山羊种羊数量约280万头，其中心产区湖北省十堰市郧西县饲养良种约30万头，并制定了《马头山羊标准》。在湖北十堰市建立了“中国郧西马头羊良种繁育中心”，加强了对本品种的选育，取得了良好效果。马头山羊与努比山羊、波尔山羊分别进行二元和三元杂交，发现波努马三元杂交羊、波马和努马二元杂交羊12月龄体重（34kg、32.7kg、31.5kg）分别比亲本马头山羊高出21.42%、16.78%和12.5%，结果表明，波努马三元杂交羊效果要优于波马和努马二元杂交效果，波马二元杂交羊效果要优于努马二元杂交效果。

（二）成都麻羊

1. 原产地及体型外貌

成都麻羊（四川铜羊）主要分布在四川盆地西部成都平原（丘陵型）和邻近的丘陵山区（山地型）。已经有4 000多年饲养历史，属肉乳兼用型。

全身被毛有赤铜色、黑红色和麻褐色3种。公、母羊大多有角和髯，公羊角向后方两侧弯曲，母羊角呈镰刀型。公羊体型呈长方形，母羊体型清秀。体躯有两条异色毛带在鬐甲部交叉，构成明显的十字架状，其中一条是从两侧肩胛经前肢至蹄冠的纯黑色毛带，另一条是从两角基部中点沿颈椎、背线至尾根的纯黑色毛带（图1-2）。

♂　　♀

图1-2　成都麻羊

2. 生产性能

成都麻羊生长和繁殖性能如表 1-2 所示。

表 1-2　成都麻羊生长和繁殖性能

年龄	性别	体重（kg）	屠宰率（%）	胎/年	胎产羔率（%）	双羔率（%）	初配年龄（月）	利用年限（年）	发情季节
初生	公	1. 87							
	母	1. 83							
6 月龄	公	16. 00							
	母	14. 00	43. 20						
周岁	公	28. 32		2 胎/年或 3 胎/两年	180	60	8~10	5~7	全年
	母	26. 22							
	阉	26. 30	49. 80						
成年	公	43. 02							
	母	32. 62	51. 36						
	阉	42. 80	54. 30						

3. 利用效果

成都麻羊现有种羊 30 万只左右，目前主要用于纯种选育，已经制定了该品种选育的四川省地方标准 DB51/T654—2007，加快了该品种选育的进度。此外，部分用于杂交改良，在培育的南江黄羊新品种中，含有成都麻羊的血统；与波尔山羊杂交后，成年公羊和母羊分别比本地羊体重提高了 65. 10% 和 53. 10%。

（三）黄淮山羊

1. 原产地及体型外貌

黄淮山羊广泛分布于河南（周口、商丘、许昌、信阳等地）、安徽（阜阳、六安、合肥、淮北、淮南等地）和江苏省

（徐州、淮阴等地）等黄淮流域，已经有 1 000 多年饲养历史。该品种分布范围较广，为肉羊规模化生产奠定了坚实基础。

黄淮山羊被毛白色，下颌有髯。有角者，公羊角粗大，母羊角细小呈镰刀状，无角者仅有 0.5～1.5cm 角基。体躯呈桶形，胸部宽深，肋骨拱张良好，背腰平直（图 1-3）。

♂

♀

图 1-3　黄淮山羊

2. 生产性能

黄淮山羊生长和繁殖性能如表 1-3 所示。

表 1-3　黄淮山羊生长和繁殖性能

<table>
<tr><th>年龄</th><th>性别</th><th>体重（kg）</th><th>屠宰率（%）</th><th>胎/年</th><th>胎产羔率（%）</th><th>双羔率（%）</th><th>初配年龄（月）</th><th>利用年限（年）</th><th>发情季节</th></tr>
<tr><td rowspan="2">初生</td><td>公</td><td>2.36</td><td></td><td rowspan="8">2 胎/年或 3 胎/两年</td><td rowspan="8">238.66</td><td rowspan="8">43.75</td><td rowspan="8">6</td><td rowspan="8">4～7</td><td rowspan="8">全年</td></tr>
<tr><td>母</td><td>2.12</td><td></td></tr>
<tr><td rowspan="2">6 月龄</td><td>公</td><td>17.16</td><td></td></tr>
<tr><td>母</td><td>15.28</td><td></td></tr>
<tr><td rowspan="2">周岁</td><td>公</td><td>26.37</td><td>47.40</td></tr>
<tr><td>母</td><td>23.65</td><td>45.80</td></tr>
<tr><td rowspan="2">成年</td><td>公</td><td>38.90</td><td></td></tr>
<tr><td>母</td><td>28.53</td><td></td></tr>
</table>

3. 利用效果

黄淮山羊是我国数量最多，分布最广的山羊品种，在2004年存栏8 000万只，目前用于纯种繁育和杂交改良，更倾向于经济杂交。黄淮山羊与萨能山羊、波尔山羊分别进行二元和三元杂交，发现波萨黄三元杂交羊的生长速度显著高于萨黄和波黄二元杂交羊，波黄二元杂交羊生长速度明显优于萨黄二元杂交羊。用黄淮山羊母本与萨能山羊父本杂交育成了肉皮兼用新品种“丰县白山羊”。

（四）贵州白山羊

1. 原产地及体型外貌

贵州白山羊主要分布在贵州省铜仁和遵义的20多个县，中心产区位于贵州黔东北乌江下游的沿河、务川、思南和桐梓等县，已经有2 000多年饲养历史。

贵州白山羊全身被毛为白色，少数为黑色、褐色或者体花等。公、母羊大部分有角和髯，角分镰刀型和扁平型两类。体躯发达呈长方形，后躯高于前躯，胸部宽深，背腰平直（图1-4）。

♂

♀

图1-4　贵州白山羊

2. 生产性能

贵州白山羊生长和繁殖性能如表1-4所示。

表1-4　贵州白山羊生长和繁殖性能

年龄	性别	体重（kg）	屠宰率（%）	胎/年	胎产羔率（%）	双羔率（%）	初配年龄（月）	利用年限（年）	发情季节
初生	公	1.75							
	母	1.54							
6月龄	公	15.44							
	母	14.79							
周岁	公	24.91		3胎/两年	186.62	57.29	6~10	5~8	全年
	母	22.90							
成年	公	36.40							
	母	32.30							
	阉	42.15	52.00						

3. 利用效果

贵州白山羊2011年主产区年末存栏34.2万只，目前重点是本品种选育，建立了示范场（组建核心群）、规模示范户（组建基础群）、示范户（组建扩繁群）三级选育体系，提高了生长、肉用和繁殖性能，取得了良好的选育效果。此外，该品种部分用于杂交改良。该品种作为母本与南江黄羊、波尔山羊杂交后，生长速度分别比本地羊提高48%和53.95%，并且具有更强的适应性。

（五）龙陵黄山羊

1. 原产地及体型外貌

龙陵黄山羊主要分布在云南省宝山地区的龙陵县，是我国南方热带、亚热带雨林山地生态型肉皮兼用山羊品种。

全身被毛呈黄褐色或红褐色，头部和四肢均为黑色。多数公羊有须有角，多数母羊有须无角。前胸深广，背腰平直（图1–5）。

♂

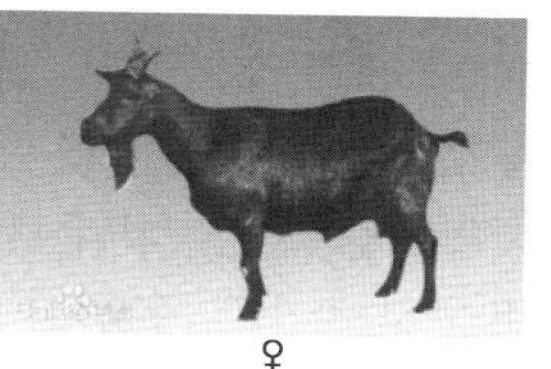
♀

图 1–5　龙陵黄山羊

2. 生产性能

龙陵黄山羊生长和繁殖性能如表 1–5 所示。

表 1–5　龙陵黄山羊生长和繁殖性能

年龄	性别	体重（kg）	屠宰率（%）	胎/年	胎产羔率（%）	双羔率（%）	初配年龄（月）	利用年限（年）	发情季节
初生	公	2.08		3 胎/两年	165.00	80	9~12	5~8	全年
	母	2.04							
6 月龄	公	18.50							
	母	16.00							
周岁	公	33.57							
	母	28.55							
成年	公	54.64							
	母	39.29							
	阉	46.00	50.34						

3. 利用效果

该品种体格大，生长速度快，是我国典型的肉用山羊品种。然而目前该品种存栏量仅 7 万只左右，主要用于纯种繁育。通过组建龙陵黄山羊保种场、龙陵黄山羊供种基地开展了纯种选育与扩繁，逐渐增加了种群数量，今后应该继续加强本品种选育，通过纯种繁育扩大数量，为改良其他地方品种山羊提供父本。

（六）福清山羊

1. 原产地及体型外貌

福清山羊主要分布在福建省福清县、平潭县，已列入全国地方优良品种志，肉质细嫩，膻味较轻，素有“羊肉之冠”的美称。

被毛为深浅不一的褐色或灰褐色。在颜面鼻梁上有一带三角的黑毛区，背部有黑色带状毛区，与鬐甲沿肩胛两侧向下延伸的黑色毛带相交呈“十”字形。公、母羊有髯，大部分有角。山羊体格较小，前躯发达，胸宽，背腰平直，臀大（图 1-6）。

♂

♀

图 1-6　福清山羊

2. 生产性能

福清山羊生长和繁殖性能如表 1-6 所示。

表 1-6　福清山羊生长和繁殖性能

年龄	性别	体重（kg）	屠宰率（%）	胎/年	胎产羔率（%）	双羔率（%）	初配年龄（月）	利用年限（年）	发情季节
初生	公	1.98							
	母	1.74							
6 月龄	公	15.84							
	母	14.72							
周岁	公	24.19		2 胎/年或 3 胎/两年	200.00	73.79	4~5	5~8	全年
	母	24.58							
成年	公	32.41							
	母	29.34	47.67						
	阉	40.50	55.84						

3. 利用效果

该品种目前存栏20万头左右，对当地的生态环境有很好的适应性，产地距上海、广州等大城市较近。但该品种生长速度较慢，在进行本品种选育的同时，更要加大杂交改良的力度。福清山羊与波尔山羊杂交，杂交一代8月龄体重比福清山羊提高41.81%；福清山羊与成都麻羊杂交后，杂交一代周岁体重比福清山羊提高50%~70%，取得了明显的改良效果。

（七）子午岭黑山羊

1. 原产地及体型外貌

子午岭黑山羊包括陕北黑山羊和陇东黑山羊，主要分市在陕西省北部的榆林、延安等地（陕北黑山羊）和甘肃省东部的华池、环县和合水等地（陇东黑山羊），是肉绒兼用型品种。

被毛以黑色为主，其次为青色、白色和杂色。公、母羊角大多呈“八”字角，颌下多髯。体格中等偏小，胸宽，背腰平直，体躯呈长方形（图1-7）。

♂

♀

图1-7　子午岭黑山羊

2. 生产性能

子午岭黑山羊生长和繁殖性能如表 1-7 所示。

表 1-7　子午岭黑山羊生长和繁殖性能

年龄	性别	体重（kg）	屠宰率（%）	胎/年	胎产羔率（%）	双羔率（%）	初配年龄（月）	利用年限（年）	发情季节
初生	公	2.22							
	母	2.23							
6 月龄	公	16.27							
	母	14.72							
周岁	公	21.70		1 胎/年	102.00	2	8~12	6	秋季
	母	21.10							
成年	公	36.50							
	母	29.10							
	阉	60.00	47.60						

3. 利用效果

该品种目前存栏 18 万头左右，对当地的粗饲、干旱环境有很好的适应性。目前对该品种在加强保种选育的同时，也开展了杂交改良计划。子午岭黑山羊与波尔山羊、当地奶山羊杂交后，杂交一代周岁体重分别提高了 26.4%和 37.3%，改良效果明显。

（八）建昌黑山羊

1. 原产地及体型外貌

建昌黑山羊主要分布在四川省凉山彝族自治州境内的会理县、会东县，饲养历史有 2 000 多年，属肉皮兼用品种。

建昌黑山羊被毛以黑色为主。公羊角呈镰刀状向外侧扭转，母羊角向上弯曲外侧扭转，颌下多髯，少数颈下有肉垂。体躯呈长方形，骨骼结实，四肢健壮（图 1-8）。

♂

♀

图 1-8　建昌黑山羊

2. 生产性能

建昌黑山羊生长和繁殖性能如表 1-8 所示。

表 1-8　建昌黑山羊生长和繁殖性能

年龄	性别	体重（kg）	屠宰率（%）	胎/年	胎产羔率（%）	双羔率（%）	初配年龄（月）	利用年限（年）	发情季节
初生	公（单羔）	2. 52		2 胎/年或 3 胎/两年	156. 04	60	7～10	5～7	全年
	公（双羔）	2. 45							
	母（单羔）	2. 36							
	母（双羔）	2. 28							
6 月龄	公	17. 92	47. 35						
	母	16. 57	47. 62						
周岁	公	27. 37	45. 90						
	母	25. 03	46. 48						
成年	公	38. 42	52. 94						
	母	35. 49	48. 36						

3. 利用效果

该品种目前存栏 250 万只左右，对当地环境有很好的适应性。对该品种在加强保种选育的同时，也开展了杂交改良计划。通过对该品种选育，繁殖率从平均 116.67%提高到了 156.04%，有些甚至达到了 191.70%。因此，应继续加大该品种选育力度。通过与引进的萨能奶山羊、金堂黑山羊进行二元杂交，杂交一代产羔率分别提高了 46.33%和 44.62%；与引进的吐根堡奶山羊、萨能奶山进行二元杂交，杂交一代周岁羯羊体重分别提高了 27.17%和 19.22%。

二、国外引入山羊品种

（一）波尔山羊

1. 原产地及体型外貌

波尔山羊原产于南非东开普敦地区，已有 170 多年历史，其血缘中含有欧洲山羊、印度山羊和安哥拉山羊的成分，是世界公认的肉用山羊品种，主要用于其他山羊的品种改良。

被毛白色，头、耳、颈部为红色或褐色，并有一条白色条带。公羊有角，母羊部分有角，耳宽下垂。体格较大，前胸宽深，肋骨开张良好。后躯发达呈圆桶状，背腰平直，尾宽长而不斜（图 1-9）。

图 1-9 波尔山羊

2. 生产性能

波尔山羊生长和繁殖性能如表 1-9 所示。

表 1-9　波尔山羊生长和繁殖性能

年龄	性别	体重（kg）	屠宰率（%）	胎/年	胎产羔率（%）	双羔率（%）	初配年龄（月）	利用年限（年）	发情季节
初生	公（单羔）	4. 76		2 胎/年或 3 胎/两年	151～190	63	12～14	10	全年，秋季为主
	公（双羔）	4. 10							
	母（单羔）	4. 36							
	母（双羔）	3. 62							
6 月龄	公	43. 70	41						
	母	37. 10	40						
周岁	公	78. 80	50						
	母	62. 70							
成年	公	95～120	56						
	母	65～95							

3. 利用效果

波尔山羊是最优秀的肉用山羊品种，被誉为“世界肉羊之王”。目前，全世界共有 120 多万只，主要用于其他国家地方品种羊的杂交改良。中国自 1995 年以来先后引进种羊 3 000多只，主要分布在河南、陕西、山西、山东和江苏等地，开展了纯种繁育扩群（胚胎移植技术）和杂交改良工作。与地方种羊进行经济杂交，杂交后代生长速度较本地羊提高 1 倍左右，屠宰率提高 50%～60%。今后的主要方向是建立波尔山羊良种繁育体系，通过与本地山羊的杂交改良，培育专门化的肉用山羊新品种或新品系。

（二）努比亚山羊

1. 原产地及体型外貌

努比亚山羊主要分布于埃及尼罗河上游的努比亚，属肉乳兼用型山羊品种。

被毛为棕色或黑色。大多数无角，无须。头长，鼻梁凸起呈三角形，两耳宽长并下垂。体格较大，体躯深长，胸宽深，肋骨拱圆，背腰而平直。乳房富有弹性，乳头大而整齐（图 1-10）。

♂

♀

图 1-10　努比亚山羊

2. 生产性能

波尔山羊生长和繁殖性能如表 1-10 所示。

表 1-10　波尔山羊生长和繁殖性能

<table>
<tr><th>年龄</th><th>性别</th><th>体重（kg）</th><th>屠宰率（%）</th><th>胎/年</th><th>胎产羔率（%）</th><th>双羔率（%）</th><th>初配年龄（月）</th><th>利用年限（年）</th><th>发情季节</th></tr>
<tr><td rowspan="2">初生</td><td>公</td><td>3. 38</td><td></td><td rowspan="8">2 胎/年或 3 胎/两年</td><td rowspan="8">198. 13</td><td rowspan="8">80</td><td rowspan="8">6~9</td><td rowspan="8">10</td><td rowspan="8">全年，春秋季为主</td></tr>
<tr><td>母</td><td>3. 16</td><td></td></tr>
<tr><td rowspan="2">6 月龄</td><td>公</td><td>32. 80</td><td></td></tr>
<tr><td>母</td><td>25. 15</td><td></td></tr>
<tr><td rowspan="2">周岁</td><td>公</td><td>50. 15</td><td></td></tr>
<tr><td>母</td><td>42. 40</td><td></td></tr>
<tr><td rowspan="2">成年</td><td>公</td><td>60~157</td><td>51. 98</td></tr>
<tr><td>母</td><td>45~98</td><td>49. 20</td></tr>
</table>

3. 利用效果

中国引进的努比亚山羊主要分布在四川省简阳县和贵州省松桃县。目前成立有努比亚研究所、贵州省努比亚山羊发展有限公司、努比亚原种场和努比亚杂交改良场，主要用于纯种扩繁和杂交改良。与许多地方品种进行了经济杂交，杂交效果非常好。与贵州黑山羊杂交，杂交后代平均产羔率提高 38.6%，12 月龄体重提高 35.36%。今后，要重点建立国家级努比亚山羊良种繁育体系和基地，充分利用产奶、繁殖和生长优势，通过与本地山羊的杂交改良，培育专门化的肉用山羊新品种或新品系。

三、培育山羊品种

（一）南江黄羊

1. 原产地及体型外貌

南江黄羊原产于四川省南江县，是中国育成的第一个国家级肉用山羊品种，于 1995 年育成，是用含努比羊和四川铜羊基因的杂种公羊与当地母羊和金堂黑母羊进行多品种杂交而成。

南江黄羊背毛呈黄色，背脊处有一条黑色背线。公羊颜面、颈肩、前胸、腹部及大腿处毛色黑而长。公、母羊均有胡须，部分有肉髯，有角占 90%。头颈和颈肩结合良好，前胸宽深、背腰平直、四肢粗长、体躯呈圆桶形（图 1–11）。

♂　　♀

图 1–11　南江黄羊

2. 生产性能

南江黄羊生长和繁殖性能如表 1-11 所示。

表 1-11 南江黄羊生长和繁殖性能

年龄	性别	体重（kg）	屠宰率（%）	胎/年	胎产羔率（%）	双羔率（%）	初配年龄（月）	利用年限（年）	发情季节
初生	公	2.28		2 胎/年或 3 胎/两年	205.42	80	8~18	6~8	全年
	母	2.14							
6 月龄	公	27.40							
	母	21.00							
	阉	29.86	49.90						
周岁	公	37.61							
	母	30.53							
	阉	41.13	51.30						
成年	公	66.87	51.98						
	母	45.60	49.20						

3. 利用效果

南江黄羊主要作为杂交父本改良其他品种。目前已向浙江、陕西、河南等 28 个省（市）580 个县（市、区）推广种羊 18 万余只，推动了中国肉用山羊产业的快速发展。南江黄羊同中国大巴山本地羊杂交，周岁公羊的体重、胴体重和屠宰率分别增加 11.36kg、6.32kg 和 4.56%，产羔率提高 40.20%。

（二）简阳大耳羊

1. 原产地及体型外貌

简阳大耳羊原产于四川省简阳县，是用进口的努比亚山羊与简阳本地山羊进行 60 年杂交而育成，2011 年，它被国家质检总局登记为中国国家地理标志产品。

毛色以棕黄色为主，少部分呈黑色。分有角和无角，母羊角较小，呈镰刀状，公羊下颚有毛髯。耳长宽大且下垂，头颈和颈肩结合良好。体型高大，胸部宽深、背腰平直、四肢粗壮、体躯略呈圆桶形（图 1-12）。

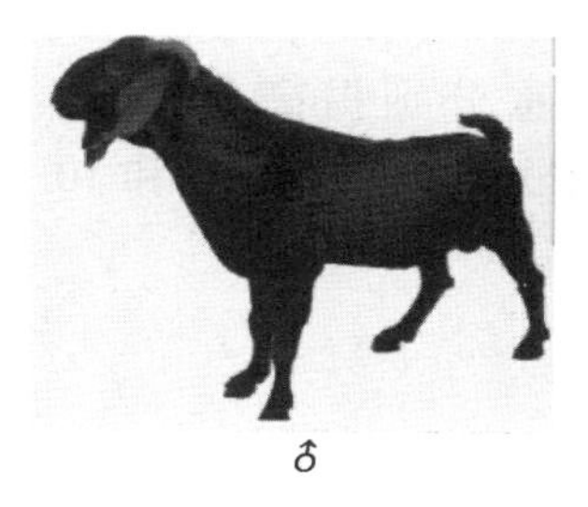
♂

♀

图 1-12　简阳大耳羊

2. 生产性能

简阳大耳羊生长和繁殖性能如表 1-12 所示。

表 1-12　简阳大耳羊生长和繁殖性能

年龄	性别	体重（kg）	屠宰率（%）	胎/年	胎产羔率（%）	双羔率（%）	初配年龄（月）	利用年限（年）	发情季节
初生	公	3. 10		2 胎/年或 3 胎/两年	200. 00	中等	8~9	6~8	全年
	母	2. 95							
6 月龄	公	30. 74							
	母	24. 62							
	阉	28. 41	49. 62						
周岁	公	37. 61							
	母	30. 53							
	阉	33. 30	48. 09						
成年	公	68. 12							
	母	47. 53							

3. 利用效果

目前，简阳大耳羊已分布于贵州、云南、湖南、广东、广西壮族自治区（以下简称广西）、湖北、陕西、河南等省（区），通过与其他地方品种羊的杂交改良，推动了中国肉用山羊产业的快速发展。用简阳大耳羊与麻城的山羊杂交，改良羊的初生重、1 月龄、3 月龄、12 月龄的体重分别提高 11.4%、12.5%、46.3%、24.9%，屠宰率和净肉率分别提高 26.0%和 10.6%，杂种优势十分明显。

四、地方绵羊品种

我国绵羊品种资源丰富，一般具有耐粗饲、适应性强、肉质好等优点，但生长速度慢、肉用性能不佳。根据其主要的生物学特性，可分为蒙古羊系、西藏羊系和哈萨克羊系三大系统。我国近代的绵羊品种都是以这三大系统为基础，在特定的生态环境里经过长期培育而形成的。

（一）湖羊

1. 原产地及体型外貌

湖羊主产于浙江的吴兴、嘉兴和江苏的吴江等地，是我国特有的羔皮羊品种，属于蒙古羊系。目前主要用于羔羊肉生产。

湖羊被毛呈白色，头狭长，公、母羊均无角，耳大下垂，体躯狭长，背腰平直，体质结实，四肢纤细而高（图 1-13）。

♂

♀

图 1-13　湖羊

2. 生产性能

湖羊生长和繁殖性能如表 1-13 所示。

表 1-13　湖羊生长和繁殖性能

年龄	性别	体重（kg）	屠宰率（%）	胎/年	胎产羔率（%）	双羔率（%）	初配年龄（月）	利用年限（年）	发情季节
初生	公	3. 10		2 胎/年或 3 胎/两年	228. 9	高	6	7	常年发情，秋季为主
	母	2. 85							
6 月龄	公	36. 63							
	母	30. 01							
周岁	公	61. 66	50. 40						
	母	47. 23	47. 87						
成年	公	76. 33	50. 00						
	母	48. 93							

3. 利用效果

主要用于纯种繁育和部分杂交改良。一方面采取本品种选育方法，以继续巩固、发展培育成果，另一方面作为杂交亲本进行杂交利用和改良，湖羊母本与特克塞尔、德国肉用美利奴、夏洛来、萨福克等外来肉用绵羊作父本的杂交组合试验，均获得了较好的杂种优势。目前湖羊引入到新疆维吾尔自治区（以下简称新疆）、内蒙古自治区（以下简称内蒙古）、河北等省（区），生产性能表现良好。

（二）蒙古羊

1. 原产地及体型外貌

蒙古羊原产于我国内蒙古和蒙古人民共和国，现分布于我国东北、华北及西北各省，是我国三大粗毛羊品种之一，在所有绵羊品种中分布最广。分牧区型和农区型。

体躯被毛大多呈白色，头颈和四肢呈杂色斑块。公羊有螺旋形角，母羊多无角，耳大下垂，骨骼健壮，体质结实，胸宽深，背腰平直，四肢细长结实，短脂尾（图 1-14）。

♂

♀

图 1-14　蒙古羊

2. 生产性能

蒙古羊生长和繁殖性能如表 1-14 所示。

表 1-14　蒙古羊生长和繁殖性能

年龄	性别	体重（kg）	屠宰率（%）	胎/年	胎产羔率（%）	双羔率（%）	初配年龄（月）	利用年限（年）	发情季节
初生	公	4.05							
	母	3.90							
6月龄	公	31.70	47.14						
	母	29.21							
	阉	35.20	50.00	1 胎/年	105~110	低	1.5	6~7	秋季或入冬
周岁	公	38.20							
	母	36.36							
成年	公	69.70	49.05						
	母	54.20							
	阉	67.60	50.00						

3. 利用效果

蒙古羊的分支乌珠穆沁羊、巴音布鲁克羊和苏尼特羊及育成的新疆细毛羊、东北细毛羊和内蒙古细毛羊等均含有蒙古羊血统。目前，蒙古羊主要用于纯种繁育和杂交改良，一方面通过与引进的外来品种杂交，以提高品种质量，另一方面作为杂交亲本，与其他地方品种羊杂交后进行羊肉等商品性生产。

（三）乌珠穆沁羊

1. 原产地及体型外貌

乌珠穆沁羊属肉脂兼用短尾粗毛羊，主要分布在内蒙古自治区东乌珠穆和西乌珠穆沁旗，以及毗邻的锡林浩特市、阿巴嘎旗部分地区，中心产区位于内蒙古自治区锡林郭勒盟东部乌珠穆沁草原。

毛色主要以黑头白身为主，仅10%全身白色。公羊分有角或无角，母羊多无角，胸部宽深，肋骨开张良好，背腰平直，肉用体型明显，四肢粗壮，短脂尾（图1-15）。

♂

♀

图1-15　乌珠穆沁羊

2. 生产性能

乌珠穆沁羊生长和繁殖性能如表1-15所示。

表1-15　乌珠穆沁羊生长和繁殖性能

年龄	性别	体重（kg）	屠宰率（%）	胎/年	胎产羔率（%）	双羔率（%）	初配年龄（月）	利用年限（年）	发情季节
初生	公	4.30							
	母	4.00							
6月龄	公	40.00	50						
	母	36.00							
周岁	公	60.00		1胎/年	115	低	18	7~8	秋季
	母	50.00							
成年	公	60~70	53						
	母	56~62							

3. 利用效果

目前，乌珠穆沁羊主要用于纯种繁育和杂交改良。国家级乌珠穆沁羊保种场主要用于良种繁育体系的建设。对于杂交改良来说，一方面通过引进外来品种进行杂交，以提高品种质量，例如与道赛特羊和萨福克羊杂交，杂交后代具有生长发育快、适应性强等优点；另一方面作为杂交亲本，与其他地方品种杂交后进行羊肉等商品性生产。

（四）苏尼特羊

1. 原产地及体型外貌

苏尼特羊主要分布在内蒙古自治区苏尼特右旗和左旗、阿巴嘎旗北部、乌兰察布市四子王旗、包头市达茂联合旗和巴彦淖尔市的乌拉特中旗等地，属蒙古绵羊系统中的一个类群。1986 年被锡林郭勒盟技术监督局批准为地方良种，1997 年内蒙古自治区人民政府正式命名。

被毛呈白色，而头颈部、腕关节和飞节以下、脐带周围毛色呈黑色或其他色。公、母羊均无角，耳大下垂，颈粗短，后躯发达，大腿肌肉丰满，肉用体型明显，体躯宽长呈长方形，四肢强壮，脂尾小呈纵椭圆形，中部无纵沟，尾端细而尖且向一侧弯曲（图 1–16）。

♂

♀

图 1–16　苏尼特羊

2. 生产性能

苏尼特羊生长和繁殖性能如表 1-16 所示。

表 1-16　苏尼特羊生长和繁殖性能

<table>
<tr><th>年龄</th><th>性别</th><th>体重（kg）</th><th>屠宰率（%）</th><th>胎/年</th><th>胎产羔率（%）</th><th>双羔率（%）</th><th>初配年龄（月）</th><th>利用年限（年）</th><th>发情季节</th></tr>
<tr><td rowspan="2">初生</td><td>公</td><td>4.00</td><td></td><td rowspan="10">1 胎/年</td><td rowspan="10">112</td><td rowspan="10">低</td><td rowspan="10">18</td><td rowspan="10">8</td><td rowspan="10">秋季</td></tr>
<tr><td>母</td><td>4.00</td><td></td></tr>
<tr><td rowspan="3">6 月龄</td><td>公</td><td>35~40</td><td></td></tr>
<tr><td>母</td><td>35~40</td><td></td></tr>
<tr><td>阉</td><td>42.80</td><td></td></tr>
<tr><td rowspan="3">周岁</td><td>公</td><td>59.13</td><td></td></tr>
<tr><td>母</td><td>49.48</td><td>47.10</td></tr>
<tr><td>阉</td><td>51.60</td><td>48.30</td></tr>
<tr><td rowspan="2">成年</td><td>公</td><td>78.83</td><td>55.19</td></tr>
<tr><td>母</td><td>58.92</td><td></td></tr>
</table>

3. 利用效果

目前，苏尼特羊主要用于纯种繁育和肉品生产。2012 年，锡林郭勒盟地区存栏数为 200.9 万只，占当地牲畜总只数的 82%。现在，该地区已经启动了地方良种肉羊选育提高专项工作，加大了选种选配力度，在地方良种肉羊选育提高工作上取得了一定的效果。

（五）巴音布鲁克羊

1. 原产地及体型外貌

巴音布鲁克羊原产于新疆巴音郭楞蒙古自治州和静县巴音布鲁克区，中心产区位于巴音郭楞乡，以产肉量高而著称，是新疆肉脂兼用型地方绵羊品种之一，属蒙古绵羊系统中的一个类群。

体躯被毛呈白色，头颈为黑色。公羊角呈螺旋形，母羊有角或角痕。头窄长，耳大下垂，体质结实，四肢较长，后躯较前躯发达，短脂尾（图 1-17）。

♂

♀

图 1-17　巴音布鲁克羊

2. 生产性能

巴音布鲁克羊生长和繁殖性能如表 1-17 所示。

表 1-17　巴音布鲁克羊生长和繁殖性能

<table>
<tr><th>年龄</th><th>性别</th><th>体重（kg）</th><th>屠宰率（%）</th><th>胎/年</th><th>胎产羔率（%）</th><th>双羔率（%）</th><th>初配年龄（月）</th><th>利用年限（年）</th><th>发情季节</th></tr>
<tr><td rowspan="2">初生</td><td>公</td><td>4.01</td><td></td><td rowspan="8">1 胎/年</td><td rowspan="8">100～105</td><td rowspan="8">2～3</td><td rowspan="8">1.5</td><td rowspan="8">5～6</td><td rowspan="8">秋季</td></tr>
<tr><td>母</td><td>3.81</td><td></td></tr>
<tr><td rowspan="2">6 月龄</td><td>公</td><td>25.94</td><td></td></tr>
<tr><td>母</td><td>25.45</td><td></td></tr>
<tr><td rowspan="2">周岁</td><td>公</td><td>33.99</td><td></td></tr>
<tr><td>母</td><td>30.40</td><td></td></tr>
<tr><td rowspan="2">成年</td><td>公</td><td>69.50</td><td>46.5</td></tr>
<tr><td>母</td><td>43.20</td><td></td></tr>
</table>

3. 利用效果

目前，巴音布鲁克羊主要用于纯种繁育和肉品生产。当地坚持本品种选育和肉脂兼用方向，并兼顾被毛品质的改进，进一步提高选育的效果。

（六）西藏羊

1. 原产地及体型外貌

西藏羊是我国古老的绵羊品种，是我国三大粗毛羊品种之一，原产于西藏高原，分高原型、雅鲁藏布型、三江型、草地型、山谷型、欧拉型、甘加型、乔和型等，以高原型为代表。

草地型和山谷型藏羊的外貌特征差异较大。草地型体躯呈白色，头及四肢杂色居多，头呈三角形，公、母羊均有角，前胸宽深，背腰平直，四肢粗壮。山谷型体格小，毛色全白和体躯白色者约占64%，头呈三角形，公羊大多有角，母羊大多无角或有小角，背腰平直，体躯呈圆桶状，尾短小呈圆锥形（图1-18）。

♂

♀

图1-18　西藏羊

2. 生产性能

西藏羊生长和繁殖性能如表1-18所示。

表1-18　西藏羊生长和繁殖性能

年龄	性别	体重(kg)	屠宰率(%)	胎/年	胎产羔率(%)	双羔率(%)	初配年龄(月)	利用年限(年)	发情季节
初生	公	3.83							
	母	3.89							
6月龄	公	28.37	44.70	1胎/年	100	低	1.5	8	冬季
	母	27.86							

（续表）

年龄	性别	体重（kg）	屠宰率（%）	胎/年	胎产羔率（%）	双羔率（%）	初配年龄（月）	利用年限（年）	发情季节
周岁	公	40. 03							
	母	38. 81							
成年	公	55. 72	47. 50						
	母	48. 57	48. 10						
	阉	60. 60	54. 19						

3. 利用效果

目前，西藏羊主要用于纯种繁育和杂交改良。该品种对当地的生态环境有很好的适应性，是当地宝贵的品种资源，应进行纯种繁育提高。与引进外来品种进行杂交以提高品种质量，或作为杂交亲本进行羊肉等商品性生产。

（七）哈萨克羊

1. 原产地及体型外貌

哈萨克羊原产于天山北麓、阿尔泰山南麓，分布在新疆以及甘肃、青海的交界地区，是我国三大粗毛羊品种之一。

哈萨克羊被毛多呈棕红色，头及四肢部分为黄色。头中等大，耳大下垂，公羊角粗大，母羊角小或无角，躯干较深，背腰平直，后躯较前躯高，骨骼粗壮，肌肉发育良好，放牧能力强。尾根周围能沉积脂肪，形成脂臀（图 1–19）。

♂

♀

图 1–19　哈萨克羊

2. 生产性能

哈萨克羊生长和繁殖性能如表 1-19 所示。

表 1-19　哈萨克羊生长和繁殖性能

年龄	性别	体重（kg）	屠宰率（%）	胎/年	胎产羔率（%）	双羔率（%）	初配年龄（月）	利用年限（年）	发情季节
初生	公	4.16		1 胎/年	101.95	低	1.5	8	春秋季
	母	3.85							
6 月龄	公	33.75	51.09						
	母	29.63							
周岁	公	42.95							
	母	35.80							
成年	公	60.34	55.94						
	母	44.90	47.97						

3. 利用效果

目前，主要用于纯种繁育和杂交改良。30 多年来，大量的哈萨克羊被定点保种，开展了本品种选育提高工作。与引进外来品种进行杂交以提高品种质量，或作为杂交亲本进行羊肉等商品性生产。

（八）阿勒泰羊

1. 原产地及体型外貌

阿勒泰羊是以哈萨克羊为基础经长期选育而成的一个地方品种，主要分布在新疆北部阿勒泰地区的福海、阿勒泰、青河、富蕴、布尔津、吉木乃及哈巴河等 7 个县。

阿勒泰羊外貌与哈萨克羊相似，毛色以棕红色为主，约占 41.0%，纯白和纯黑者较少，胸部宽深，背腰平直，肌肉发育良好，臀脂发达（图 1-20）。

♂

♀

图 1-20 阿勒泰羊

2. 生产性能

阿勒泰羊生长和繁殖性能如表 1-20 所示。

表 1-20 阿勒泰羊生长和繁殖性能

年龄	性别	体重（kg）	屠宰率（%）	胎/年	胎产羔率（%）	双羔率（%）	初配年龄（月）	利用年限（年）	发情季节
初生	公	5.23							
	母	5.03							
6 月龄	公	38~40	51						
	母	38~40							
周岁	公	65.60	50.39	1 胎/年	110.3	低	1.5	8	春、秋季
	母	50.60	50.05						
成年	公	92.98							
	母	67.56							
	阉	39.50	55~60						

3. 利用效果

目前，阿勒泰羊主要用于纯种繁育，为了提高其种用品质和生产性能，现阶段应做好本品种选育提高工作。

（九）呼伦贝尔羊

1. 原产地及体型外貌

呼伦贝尔羊原产于呼伦贝尔市的呼伦贝尔草原，是世界著名的高原牧场，该品种耐寒、耐粗饲、适应性强。

被毛呈白色，头、腕关节及飞节以下为有色毛。耳大下垂，颈粗短，公羊部分有角，母羊无角。背腰平直，体躯宽深，略呈长方形。肋骨拱圆，骨骼粗壮，大腿肌肉丰满，后躯发达。由半椭圆状尾和小桃状尾两种类型组成，尾根周围能沉积脂肪，形成脂臀（图 1-21）。

♂

♀

图 1-21　呼伦贝尔羊

2. 生产性能

呼伦贝尔羊生长和繁殖性能如表 1-21 所示。

表 1-21　呼伦贝尔羊生长和繁殖性能

年龄	性别	体重（kg）	屠宰率（%）	胎/年	胎产羔率（%）	双羔率（%）	初配年龄（月）	利用年限（年）	发情季节
初生	公	4. 15							
	母	3. 79							
6 月龄	公	40. 00							
	母	35～40							
周岁	公	62. 50							
	母	53. 60							
	阉	52. 30	48. 80	1 胎/年	110. 2	低	1. 5	7	秋季或入冬
成年	公	82. 10							
	母	62. 50							
	阉	71. 60	52. 10						

3. 利用效果

目前，主要用于纯种繁育，以继续巩固、发展培育成果。集成现代肉羊育种技术，采取本品种选育方法，建立良种繁育体系，培育和巩固北方高寒草原地区肉羊专用品种。

（十）小尾寒羊

1. 原产地及体型外貌

小尾寒羊原产于山东省和河北省南部、河南省东北部等地。

被毛白色、少数个体头部有色斑。公羊有螺旋状角，母羊角小，耳大下垂，体质结实，胸部宽深，肋骨开张良好，背腰平直，体躯长呈圆筒状，四肢粗壮，尾脂短（图 1-22）。

♂

♀

图 1-22　小尾寒羊

2. 生产性能

小尾寒羊生长和繁殖性能如表 1-22 所示。

表 1-22　小尾寒羊生长和繁殖性能

<table>
<tr><th>年龄</th><th>性别</th><th>体重（kg）</th><th>屠宰率（%）</th><th>胎/年</th><th>胎产羔率（%）</th><th>双羔率（%）</th><th>初配年龄（月）</th><th>利用年限（年）</th><th>发情季节</th></tr>
<tr><td rowspan="2">初生</td><td>公</td><td>3.72</td><td rowspan="8">52.5</td><td rowspan="8">2 胎/年或 3 胎/两年</td><td rowspan="8">260</td><td rowspan="8">高</td><td rowspan="8">6~7</td><td rowspan="8">7</td><td rowspan="8">常年发情，春、秋季为主</td></tr>
<tr><td>母</td><td>3.53</td></tr>
<tr><td rowspan="2">6 月龄</td><td>公</td><td>47.60</td></tr>
<tr><td>母</td><td>38.15</td></tr>
<tr><td rowspan="2">周岁</td><td>公</td><td>63.60</td></tr>
<tr><td>母</td><td>41.00</td></tr>
<tr><td rowspan="2">成年</td><td>公</td><td>94.10</td></tr>
<tr><td>母</td><td>57.30</td></tr>
</table>

3. 利用效果

目前，主要用于纯种繁育和杂交改良。一方面采取本品种选育方法，以继续巩固、发展培育成果，另一方面作为杂交亲本进行杂交利用和改良，小尾寒羊与杜泊、萨福克、无角陶塞特、德国美利奴等品种羊杂交，均获得了较好的杂种优势。

（十一）滩羊

1. 原产地及体型外貌

滩羊主产于宁夏银川附近各县，主要分布于宁夏回族自治区（以下简称宁夏）、甘肃、陕西和内蒙古等地区，是我国独特的裘皮用绵羊品种，同时羔羊肉质佳。

被毛呈白色，头部有褐、黑、黄色斑块。耳有大、中、小之分，公羊有角，母羊仅有小角或无角。体质结实，背腰平直，胸深（图 1–23）。

♂

♀

图 1–23　滩羊

2. 生产性能

滩羊生长和繁殖性能如表 1–23 所示。

表 1–23　滩羊生长和繁殖性能

年龄	性别	体重（kg）	屠宰率（%）	胎/年	胎产羔率(%)	双羔率（%）	初配年龄(月)	利用年限(年)	发情季节
初生	公	4.09		1胎/年	101～103	低	18	7	秋季为主
	母	3.83							
6月龄	公	27.81							
	母	26.02							

（续表）

年龄	性别	体重(kg)	屠宰率(%)	胎/年	胎产羔率(%)	双羔率(%)	初配年龄(月)	利用年限(年)	发情季节
周岁	公	36.92							
	母	28.07							
成年	公	58.36							
	母	41.58							
	阉	60.00	45						

3. 利用效果

目前，主要用于纯种繁育和杂交改良。一方面采取本品种选育方法，以继续巩固、发展培育成果，另一方面作为杂交亲本进行杂交利用和改良，滩羊与特克塞尔、无角陶赛特、杜泊、小尾寒羊等品种羊杂交，均获得了较好的杂种优势。

五、国外引入绵羊品种

（一）杜泊羊

1. 原产地及体型外貌

杜泊羊原产于南非。是用英国的有角陶赛特羊作为父本与本地黑头波斯母羊杂交，于 1942 年培育出来的肉用绵羊品种。

杜泊羊有黑头杜泊羊和白头杜泊羊两种。黑头杜泊羊头颈为黑色，体躯及四肢为白色。白头杜泊羊全身为白色。公、母羊均无角，额宽，鼻梁隆起。颈粗短，肩宽厚，胸部丰满，肋骨拱圆，背腰平直，后躯肌肉发达（图 1-24）。

♂

♀

图 1–24　杜泊羊

2. 生产性能

杜泊羊生长和繁殖性能如表 1–24 所示。

表 1–24　杜泊羊生长和繁殖性能

<table>
<tr><th>年龄</th><th>性别</th><th>体重（kg）</th><th>屠宰率（%）</th><th>胎/年</th><th>胎产羔率（%）</th><th>双羔率（%）</th><th>初配年龄（月）</th><th>利用年限（年）</th><th>发情季节</th></tr>
<tr><td rowspan="2">初生</td><td>公</td><td>5. 00</td><td rowspan="8">52. 05</td><td rowspan="8">1 胎/年或 3 胎/两年</td><td rowspan="8">140</td><td rowspan="8">30</td><td rowspan="8">7～12</td><td rowspan="8">5～9</td><td rowspan="8">常年发情，秋季为主</td></tr>
<tr><td>母</td><td>4. 50</td></tr>
<tr><td rowspan="2">6 月龄</td><td>公</td><td>54. 85</td></tr>
<tr><td>母</td><td>54. 85</td></tr>
<tr><td rowspan="2">周岁</td><td>公</td><td>85. 60</td></tr>
<tr><td>母</td><td>70. 30</td></tr>
<tr><td rowspan="2">成年</td><td>公</td><td>120. 00</td></tr>
<tr><td>母</td><td>85. 00</td></tr>
</table>

3. 利用效果

杜泊羊的引进对我国肉羊产业的发展起到了巨大的推动作用。自 2001 年开始，陆续从澳大利亚等国引进杜泊羊，主要分布在陕西、山东、河北、河南、山西、新疆、江苏、云南等省（区）。用杜泊羊作为多元杂交的父本改良本地品种，取得了非常高的杂种优势。杜泊羊与湖羊、小尾寒羊、滩羊杂交，杂种优势十分明显。6 月龄杜湖公羔宰屠宰率、净肉率和肉骨比分别比湖羊高 3.65%、6.31%和 17.95%。

(二) 夏洛来羊

1. 原产地及体型外貌

原产于法国中部的夏洛来地区，是以英国莱斯特羊、南丘羊作为父本与夏洛来地区的细毛羊杂交培育而成，是最优秀的肉用绵羊品种之一。

全身毛色呈白色。公、母羊均无角，额宽耳大。颈粗短，肩宽厚，胸宽而深，肋骨拱圆，体躯呈圆桶状，肌肉发达，四肢较短（图 1-25）。

♂

♀

图 1-25　夏洛来羊

2. 生产性能

夏洛来羊生长和繁殖性能如表 1-25 所示。

表 1-25　夏洛来羊生长和繁殖性能

年龄	性别	体重（kg）	屠宰率（%）	胎/年	胎产羔率（%）	双羔率（%）	初配年龄（月）	利用年限（年）	发情季节
初生	公	4~6							
	母	4~6							
6 月龄	公	48~53	50						
	母	38~43							
周岁	公	70~90	55	1 胎/年	190	中等	6~12	6~10	秋季
	母	50~70							
成年	公	110~140							
	母	80~100							

3. 利用效果

20 世纪 90 年代，陆续引进夏洛来羊，主要分布在河南、河北、山西、山东、黑龙江、辽宁、内蒙古等省（自治区）。主要用其作为杂交父本改良本地品种，杂交优势非常明显，增加了杂交后代的产肉量和肉的品质，对我国肉羊产业的发展具有巨大的推动作用。夏洛来与小尾寒羊杂交，杂交一代 3 月龄和 6 月龄体重分别比本地小尾寒羊提高了 25.93%和 26.46%。夏洛来与蒙古羊杂交，杂交一代初生重、4 月龄体重和 6 月龄体重分别比蒙古羊提高了 32%、20%和 19.8%。

（三）萨福克羊

1. 原产地及体型外貌

原产于英国英格兰萨福克、诺福克、剑桥和艾塞克斯等地，是以南丘羊为父本，当地黑头有角诺福克羊为母本进行杂交，于 1859 年培育而成，是世界上优良肉用绵羊品种之一。

被毛呈白色，头和四肢为黑色。公、母羊均无角，头短宽，耳大。体格较大，颈长深且宽厚，胸宽深，肋骨开张良好，背腰宽平，体躯肌肉丰满呈长桶状，四肢健壮（图 1-26）。

♂

♀

图 1-26　萨福克羊

2. 生产性能

夏洛莱羊生长和繁殖性能如表 1-26 所示。

表 1-26　夏洛莱羊生长和繁殖性能

<table>
<tr><th>年龄</th><th>性别</th><th>体重（kg）</th><th>屠宰率（%）</th><th>胎/年</th><th>胎产羔率（%）</th><th>双羔率（%）</th><th>初配年龄（月）</th><th>利用年限（年）</th><th>发情季节</th></tr>
<tr><td rowspan="2">初生</td><td>公</td><td>5.20</td><td></td><td rowspan="8">1 胎/年</td><td rowspan="8">140</td><td rowspan="8">14.3</td><td rowspan="8">12</td><td rowspan="8">6~10</td><td rowspan="8">常年，夏季除外</td></tr>
<tr><td>母</td><td>4.50</td><td></td></tr>
<tr><td rowspan="2">6 月龄</td><td>公</td><td>42.60</td><td>55</td></tr>
<tr><td>母</td><td>35.60</td><td></td></tr>
<tr><td rowspan="2">周岁</td><td>公</td><td>114.2</td><td></td></tr>
<tr><td>母</td><td>74.8</td><td></td></tr>
<tr><td rowspan="2">成年</td><td>公</td><td>129.2</td><td></td></tr>
<tr><td>母</td><td>91.2</td><td></td></tr>
</table>

3. 利用效果

自 1978 年起先后从澳大利亚、新西兰等国引进，主要分布在新疆、内蒙古、宁夏回族自治区（以下简称宁夏）、吉林、甘肃、北京、河北和山西等省（市、自治区）。主要进行纯种繁育和杂交改良，一方面进行风土驯化，使其适应各地的自然生态条件，并保持原有的优良性状；另一方面，用其作为杂交父本改良本地品种，杂交优势明显。萨福克与小尾寒羊杂交，杂交一代 6 月龄公羊和母羊体重分别为 35.2kg 和 31.89kg，比对照组小尾寒羊分别提高 127.68%和 131.93%，杂交一代 12 月龄公羊和母羊体重分别为 54.33kg 和 50.12kg，比对照组小尾寒羊分别提高 70.69%和 74.82%。萨福克与湖羊杂交，杂交一代 6 月龄体重比湖羊提高了 26.61%（38.6kg）。此外，作为肉用绵羊引种方向，白色萨福克羊的杂交改良效果和经济效益明显高于黑萨福克羊。

（四）无角陶赛特羊

1. 原产地及体型外貌

原产于澳大利亚和新西兰，是以有角陶赛特羊和雷兰羊为母本，考力代羊为父本进行杂交，再与有角陶赛特公羊回交培育而成，于1954年育成。

全身被毛呈白色。公、母羊均无角，头短而宽。体质结实，颈粗短，胸宽深、背腰平直，体躯呈圆桶形，四肢粗短（图1-27）。

♂

♀

图1-27　无角陶赛特羊

2. 生产性能

无角陶赛特羊生长和繁殖性能如表1-27所示。

表1-27　无角陶赛特羊生长和繁殖性能

<table>
<tr><th>年龄</th><th>性别</th><th>体重（kg）</th><th>屠宰率（%）</th><th>胎/年</th><th>胎产羔率（%）</th><th>双羔率（%）</th><th>初配年龄（月）</th><th>利用年限（年）</th><th>发情季节</th></tr>
<tr><td rowspan="2">初生</td><td>公</td><td>5.13</td><td></td><td rowspan="8">1胎/年</td><td rowspan="8">157.14</td><td rowspan="8">低</td><td rowspan="8">12</td><td rowspan="8">6~10</td><td rowspan="8">常年，夏季除外</td></tr>
<tr><td>母</td><td>4.99</td><td></td></tr>
<tr><td rowspan="2">6月龄</td><td>公</td><td>50.30</td><td>54.5</td></tr>
<tr><td>母</td><td>40~50</td><td></td></tr>
<tr><td rowspan="2">周岁</td><td>公</td><td>90~110</td><td></td></tr>
<tr><td>母</td><td>50~60</td><td></td></tr>
<tr><td rowspan="2">成年</td><td>公</td><td>125.6</td><td></td></tr>
<tr><td>母</td><td>82.46</td><td></td></tr>
</table>

3. 利用效果

自20世纪80年引进，主要分布在东北、华北和西北地区，用于纯种繁育和杂交改良。无角陶赛特和小尾寒羊、哈萨克羊、蒙古羊、阿勒泰羊等杂交，取得了较好的杂种优势，是进行杂交肉羊生产的理想父本，其中与小尾寒羊的杂交利用效果优于其他组合，应用最为广泛。陶×寒一代杂交羊6月龄、12月龄和2周岁体重分别为40.44kg、96.7kg和148kg，远远高于本地小尾寒羊，为培育我国多胎高产肉羊新品种奠定了基础。

(五) 特克赛尔羊

1. 原产地及体型外貌

原产于荷兰，是用林肯和来斯特羊与当地马尔盛夫羊杂交选育而成，属肉用细毛羊品种。

全身被毛为白色，四蹄为黑色，四肢无被毛。公、母羊均无角，额宽，耳长大。体质结实，结构匀称。颈粗短，胸宽深、背腰平直，体躯长，呈圆桶形，四肢粗短，后躯发育良好，肌肉发达（图1-28）。

♂

♀

图1-28　特克赛尔羊

2. 生产性能

特克赛尔羊生长和繁殖性能如表1-28所示。

表1-28　特克赛尔羊生长和繁殖性能

年龄	性别	体重（kg）	屠宰率（%）	胎/年	胎产羔率（%）	双羔率（%）	初配年龄（月）	利用年限（年）	发情季节
初生	公	5.00		1胎/年	150~160	80	10~12	6~10	常年，秋季为主
	母	4~5							
6月龄	公	59.00	48						
	母	48.00							
周岁	公	78.60							
	母	66.00							
成年	公	110~130	55~60						
	母	70~90							

3. 利用效果

自20世纪90年代引入，主要分布在黑龙江、陕西、河北和北京等地，用于纯种繁育和作为经济杂交生产肉羔的父本。特克赛尔羊和湖羊杂交，杂交一代羔羊初生重、3月龄和6月龄重分别为4.50kg、22.20kg、39.22kg，分别比本地湖羊提高了42.86%、47.50%和30.60%。特克赛尔羊是理想肉羊生产的终端父本，是加快优质肉羊产业化进程的主要品种资源。

（六）德国肉用美利奴羊

1. 原产地及体型外貌

原产于德国，主要分布在萨克森州农区，是由法国的泊列考斯和英国的莱斯特公羊，与原德国美利奴母羊杂交培育而成的，属于肉毛兼用型品种。

全身被毛呈白色。公、母羊均无角，体质结实，胸宽深，背腰平直，臀部宽广，后躯发育良好，体躯长呈良好肉用型（图1-29）。

♂

♀

图 1-29　德国肉用美利奴羊

2. 生产性能

德国肉用美利奴羊生长和繁殖性能如表 1-29 所示。

表 1-29　德国肉用美利奴羊生长和繁殖性能

年龄	性别	体重（kg）	屠宰率（%）	胎/年	胎产羔率(%)	双羔率（%）	初配年龄(月)	利用年限(年)	发情季节
初生	公	4.89	47~50	3 胎/两年	150~250	59.6	12	6~10	常年，秋冬季为主
	母	4.65							
6 月龄	公	50.00							
	母	40~50							
周岁	公	50~60							
	母	56.00							
成年	公	102.50							
	母	65.43							

3. 利用效果

自 20 世纪 90 年代引入，主要分布在内蒙古自治区和黑龙江省，用于纯种繁育、肉羊育种和作为经济杂交生产肉羔的父本。德国肉用美利奴羊和小尾寒羊杂交，杂交一代羔羊初生重、断奶重分别为 2.38kg、24.9kg，分别比本地小尾寒羊增加了 0.73kg 和 5.5kg。今后可用作培育我国肉用羊父系的父本。

六、培育绵羊品种

（一）巴美肉羊

1. 原产地及体型外貌

巴美肉羊原产于内蒙古自治区巴彦淖尔市，以德国肉用美利奴羊为父本和当地细杂羊为母本，经20多年杂交培育而成的第一个高产优质肉毛兼用新品种，于2009年被认定为农业部农业主导品种。

全身被毛呈白色。公、母羊均无角，体格较大，胸宽深，背腰平直，后肢健壮，肌肉丰满呈圆桶形（图1-30）。

♂

♀

图1-30　巴美肉羊

2. 生产性能

巴美肉羊生长和繁殖性能如表1-30所示。

表1-30　巴美肉羊生长和繁殖性能

年龄	性别	体重（kg）	屠宰率（%）	胎/年	胎产羔率（%）	双羔率（%）	初配年龄（月）	利用年限（年）	发情季节
初生	公	4.80							
	母	4~5							
6月龄	公	49.86	51.00						
	母	40.64							
周岁	公	79.00	53.52	3胎/两年	151.7	低	12	5~6	常年
	母	70.00							
成年	公	120~130	51.03						
	母	83.00							

3. 利用效果

巴美肉羊已向内蒙古自治区的兴安盟、通辽市、鄂尔多斯市等地及辽宁、山东、宁夏、新疆等8个省（区）累计提供种公羊5 300只。目前，主要用于纯种繁育和杂交改良。一方面进行“巴美肉羊高繁新品系”的培育，另一方面进行杂交生产。杂交生产主要分两种模式：一是作为杂交母本与引进的杂交父本（德国肉用美利奴羊、南非肉用美利奴羊和萨福克等）杂交；二是作为杂交父本与本地品种母本进行杂交，两种杂交模式都取得了较好的杂种优势。

（二）昭乌达肉羊

1. 原产地及体型外貌

昭乌达肉羊原产于内蒙古自治区赤峰市。是以德国肉用美利奴羊为父本，当地改良型细毛羊为母本，历经四十余年培育而的草原型肉羊新品种，于2012年通过国家畜禽遗传育种委员会审定，获得畜禽新品种配套系证书。

全身被毛呈白色。公、母羊均无角。体格较大，胸宽深，背腰平直，臀部宽广，肌肉丰满，肉用体型明显（图1–31）。

♂

♀

图1–31　昭乌达肉羊

2. 生产性能

巴美肉羊生长和繁殖性能如表 1-31 所示。

表 1-31 巴美肉羊生长和繁殖性能

年龄	性别	体重（kg）	屠宰率（%）	胎/年	胎产羔率（%）	双羔率（%）	初配年龄（月）	利用年限（年）	发情季节
初生	公	4.40		1 胎/年或 3 胎/两年	135.29	35.29	12	5~6	秋季为主
	母	4.20							
6 月龄	公	40.70	46.40						
	母	33.50							
周岁	公	72.10	49.80						
	母	47.60							
成年	公	95.70							
	母	55.70							

3. 利用效果

目前，主要进行纯种繁育及推广工作，以现代遗传育种理论为基础，创新出“群选群育+集中连片+区域推进”的育种模式和建立健全了良种繁育体系。下一步可以作为杂交父本与本地品种母羊进行杂交，以改良本地母羊，获得杂种优势，提高生长速度和屠宰率。

第二节 遗传规律和遗传参数

肉羊的大多数经济性状都是数量性状，最主要的是与生长和繁殖相关的数量性状。用到的遗传参数主要由遗传力、重复力和遗传相关，称为三大遗传参数。性状遗传力是确定该性状选种方法的一个重要依据。一般认为高遗传力（$h^2>0.4$）的性状适用于个体表型选择法进行选种，而低遗传力（$h^2<0.2$）的性状适用于家系或家系内选择。遗传相关又称基因型相关，是肉羊育种中早期选择和间接选择的理论基础。重复力是动物个体同一性状多次度量值之间相关程度的度量，也是一个重要遗传参数，用它可以预测母羊终身的生产力。因此，遗传参数可以给肉羊育种实践提供强有力的理论依据，使早期选种成为可能，能够加快育种进展，节省种羊饲养成本。

一、繁殖性状遗传规律和遗传参数

肉羊繁殖性状遗传力低，繁殖周期长，与生长性状存在复杂关系，选育进展比较慢，但是繁殖性状是决定肉羊规模化养殖产出的一个重要经济性状，因此，提高肉羊繁殖性状的选育进展就显得尤为重要。

（一）母羊繁殖性状受品种、年龄、胎次的显著影响

肉用羊无论是绵羊还是山羊，其繁殖性能受品种影响较大，因此，选育多胎品种是提高肉羊繁殖力的重要途径。Booroola、Hann 、Inverdale、小尾寒羊和湖羊是世界上公认的高繁殖力绵羊品种，济宁青山羊、海门山羊、马头山羊和大足黑山羊等地方品种是公认的高繁殖力山羊品种。研究发现，母羊第一胎的产羔数、断奶头数和断奶窝重均较低，随着胎次的增加，产羔数、断奶头数和断奶窝重逐渐增加，第四胎时达到最大，随后又逐渐下降。

（二）母羊繁殖性状遗传力、重复力较低，产羔数与其他繁殖性状之间呈正相关

研究发现，绵羊产羔数、断奶头数、初生窝重、断奶窝重的遗传力分别为 0.10、0.06、0.12 和 0.10，产羔数与断奶头数、初生窝重、断奶窝重的遗传相关分别为 0.35、0.29 和 0.23（Vatankhah，2008）；山羊产羔数、初生个体重、初生窝重、断

奶头数、断奶个体重和断奶窝重的遗传力分别为 0.147、0.384、0.318、0.182、0.369 和 0.250，各性状之间存在较强的表型正相关和遗传正相关（韩迪，2009）；波尔山羊羊各胎次产羔数的重复力较高，为 0.57（张春艳，2010），但南江黄羊各胎次产羔数的重复力较低仅为 0.06，这可能与不同肉羊品种和其他环境因素有关。因此，母羊繁殖性状遗传力属中等偏低遗传力，重复力较低，在生产中，只需对产羔数、断奶头数和断奶窝重其中一种性状（一般为产羔数）进行选育，便可同时提高其他 3 种性状的遗传性能。

（三）母羊产羔数与羔羊早期生长之间呈负相关关系，随着后期生长发育，相关程度逐渐减弱

羔羊前期体重随产羔数的增加呈显著下降的趋势，随着羔羊后期的生长发育，产羔数对体重的影响逐渐减弱。研究发现，波尔山羊单羔、双羔和多羔之间初生重差异显著，单羔初生重最大，单羔 90 日龄体重显著高于双羔和多羔，但双羔和多羔之间差异不显著，产羔数对山羊 300 日龄体重无显著影响，单羔、双羔、多羔之间体重无显著差异（张春艳，2010），这可能与后期较强的补偿生长效应有关。因此，提高母羊产羔数对羔羊后期生长影响不大，但产羔数的提高直接影响着肉羊规模化养殖的效益。

母羊繁殖性状虽然属于低遗传力性状，但某些基因突变会引起排卵率和产羔数的改变。在绵羊上，已筛选到与布鲁拉美利奴羊排卵率高低有关的突变基因 *FecB*，1 个和 2 个拷贝的 *FecB* 基因平均增加产羔数 0.9~1.2 个和 1.1~1.7 个。因此，根据此遗传规律，利用分子标记辅助育种技术可以对高产母羊进行早期快速选择，还可利用携带多羔基因的种羊与低繁殖性状的品种进行杂交，以提高其繁殖率。

二、生长性状遗传规律和遗传参数

肉羊的生长发育有一定的规律性，不同品种、性别和阶段都有其固有特性。动物生长发育随年龄的变化呈一条“S”形曲线，初期生长速度逐渐增快，达到最大生长速度（生长发育拐点）后逐渐下降，直至达到成熟体重。因此，分析肉羊生长性状遗传规律，对于肉羊的选种选配具有重要意义。

目前，衡量肉羊生长性状的指标有体重和体尺（体高、体长、胸围和管围），但主要指标是与体重相关的性状（如初生重、断奶重和不同月龄重）。Fogarty 等（1995）研究表明，肉用品种羊的初生重（h^2为 0.06～0.31）、断奶重（h^2为 0.05～0.57）属于中等遗传力性状。刘桂琼等（2002）测得的波尔山羊初生重和 2 月龄重的遗传力分别为 0.15 和 0.43。熊朝瑞等（2000）测得的南江黄羊初生、2 月龄、6 月龄、周岁和成年体重的遗传力分别为 0.18、0.43、0.33、0.33 和 0.33。

在肉羊育种过程中，其生长曲线模型可以对肉羊各个时期的体重和体尺进行预测，能够真正筛选出产肉性能优秀的个体。Logistic 模型、Gompertz 模型、Mitscherlich 模型和 Von Bertalanffy 模型是经常用于肉羊上生长曲线模型，计算的拟合度均达到了 0.95 以上。金蹇用多重生长曲线模型对内蒙古白绒山羊体尺体重资料进行拟合，拟合度最高的是 Logistic 模型。姜勋平等用多重生长曲线拟合林细杂交羊（林肖羊×细毛羊）的生长发育过程，拟合度最高的是 Gompertz 模型。魏永龙等拟合了内蒙古白绒山羊的生长过程，最佳模型却是 Mitscherlich，其次是 Von Bertalanffy（拐点体重、日龄和最大日增重分别是 10.53kg、35.13d 和 234.48g），Logistic 模型最差。

羔羊的初生重、胸围、体长、体高之间有高度的正相关。在不同性别、不同年龄阶段群体中，影响体重最主要的体尺指标是胸围。不同阶段体重之间有较高的遗传相关，表明各阶段体重生长在遗传基础上紧密相关。因此，初生体重对后期生长有一定的预测效果，对初生重性状的选育可以同时提高后期的生长潜能。

第三节　肉羊选种理论

肉羊选种的目的是为了富集群体内优良基因，使优良基因型个体数量增加，并防止群体内不良基因型个体的存在。我国进行肉羊育种的羊群比较小，而且比较分散，很难进行有计划的高强度选择，尤其是对于地方山羊品种的选育，肉用性能遗传改进较小。下面将系统阐述肉羊选择反应和选择方法，为切实提高肉羊遗传进展提供理论基础。

一、选择反应

期望的年度选择反应（R，选择进展）为：$R=i.p.\delta_A/t$，函数中 i、p、t 和 δ_A 参数分别代表选择强度、选择精确度（育种值估计准确度）、世代间隔和加性遗传标准差。选择反应的大小直接与选择强度相关，选择育种者能控制的选择参数仅是 i、p 和 t，而 δ_A 是由所选择的性状和育种群体决定的。在肉羊育种中使用此公式优点：在一定选择强度下，通过改变 p 值能够适应不同的选择类型，如同胞、后裔系谱和个体测定。下面将讨论影响肉羊选择反应的因素。

（一）选择强度

根据选择反应的公式，选择反应直接与选择强度成正比。选择强度由肉羊群体内留种的比例决定，当肉羊留种率（从经过生产性能测定的后备种羊中选留的肉用种羊比例）较低时，选择差（被选留种羊的平均生产性能与整个测定群均值之差）就越大，选择强度也就越高。假设在正态分布下截顶选择，那么标准化的选择差就等于截点处的纵高除以选择率，选择反应对选择率的变化不是线性关系。

在肉羊育种上，后裔测验公羊的选择率可以为5%，这时选择强度为2.064。母羊生长速度成绩的最大选择率为70%（或0.497的选择强度），可以通过在其他方面减少淘汰来增加母羊选择的机会。

（二）选择的精确度

选择的精确度（育种值估计准确度）是肉羊基因型和表型间的相关，取决于性状的遗传力和选择时对每一候选者的有效信息量。选择的精确度及期望改进量受遗传力的影响更大，表1-32列出了在肉羊群体内进行选择时，系谱、个体（本身）和同胞成绩测定的相对效率。遗传力在0.1~0.6时，用20个半同胞姐妹进行半同胞测定优于仅有一个亲本的系谱测定，当遗传力超过0.8时，个体选择优于半同胞选择。在遗传力低时，将祖代和亲代记录合用可获得最大效果。在高遗传力时，祖代记录的价值相对较小。全同胞比半同胞记录的利用价值高，个体本身的成绩记录比半同胞记录更好。一般来说，在遗传力低时，后裔测定的精确度要高于个体、亲本、全同胞、半同胞测定的精确度。

此外，选择时每一候选者的有效信息量对选择的精确度起着重要影响。随着信息量的增加，使用各种信息来源（如半同胞、全同胞、后裔、个体）估计选择的精确度都大幅度提高。就提高幅度而言，以半同胞和后裔测定最大，全同胞次之，个体本身相对较小。肉羊容易获得数量较多的半同胞和后裔记录，特别是在人工授精情况下，所以，要增加半同胞和后裔测定时可利用的记录数，以提高选择的精确度。

表 1-32　不同选择类型的选择精确度

遗传力	系谱		个体	半同胞	全同胞
	一个亲本	两个亲本		N=20	N=20
0. 1	0. 16	0. 22	0. 32	0. 29	0. 59
0. 2	0. 23	0. 32	0. 45	0. 36	0. 72
0. 3	0. 28	0. 39	0. 55	0. 39	0. 79
0. 4	0. 32	0. 45	0. 63	0. 41	0. 83
0. 5	0. 36	0. 50	0. 72	0. 43	0. 86
0. 6	0. 39	0. 55	0. 77	0. 44	0. 88
0. 7	0. 42	0. 59	0. 84	0. 45	0. 90
0. 8	0. 45	0. 63	0. 89	0. 46	0. 92
0. 9	0. 48	0. 67	0. 95	0. 46	0. 92
1. 0	0. 50	0. 71	1. 00	0. 47	0. 93

（三）加性遗传标准差

加性遗传标准差（可利用的遗传变异）是表型标准差与遗传力平方根的乘积，加性遗传标准差的平方就是加性遗传方差，加性遗传方差与遗传力直接成正比。为了确定肉羊所选择性状期望的遗传进展，需要了解不同性状的标准差。在肉羊群体中，获得每个选择反应的前提是个体间的差异，个体间遗传差异越大，获得的选择成效就越大，如果个体间没有差异，选择就没有实际意义，标准差、方差和范围都是反映肉羊个体间变异的指标。

（四）世代间隔

在肉羊育种实践中，每年的遗传进展往往比每世代的选择反应更有意义，由每世代选择反应（$\triangle G=i\times p\times \delta_A$）除以世代间隔（$t$）就是每年遗传进展的估计值（$R=i\times p\times \delta_A/t$）。后裔测定虽然增加了肉羊选择的精确度，但延长了世代间隔，降低了许多性状的年改进量，降低了其优势。

同许多其他家畜一样，常允许公、母羊之间有不同的世代间隔、选择精确度和选择强度。并可进一步划分为公羊之父、公羊之母、母羊之父和母羊之母，其中的每一组都可有不同的世代间隔和遗传进展。在进行公羊后裔测定时，选择强度和选择精确度常有互作关系。为了获得最大的年遗传改进量，需要平衡测定数和测定精确度间的最佳平衡关系。如测定更多公羊需要降低每头公羊的后裔记录数，此外，还要考虑其他影响因素，如性状相关、年青公羊的初选和公羊死亡等。这种关系较为复杂，在制订肉羊育种方案时，要通过科学定量的方法找到世代间隔、选择强度和选择精确度这 3 个因素间的平衡点，以期在特定的肉羊育种条件下获得最大遗传进展，同时还要考虑成本与预期经济回报间的关系。

（五）遗传进展的通径

肉羊基因传递的通径是父到公羊、父到母羊、母到公羊和母到母羊。在公羊后裔测定和母羊的个体选择时，人工授精后备母羊的父亲和母亲分别贡献 69% 和 31% 的遗传改进量。每一通径贡献如下：

父亲→公羊：0. 36　　父亲→母羊：0. 28

母亲→公羊：0. 33　　母亲→母羊：0. 03

由于公羊有较大的选择强度，育种值估计精确度较大，后代数较多，所以公羊对遗传进展的贡献比母羊大。

二、选择方法

（一）直接选择

直接选择是用肉羊个体表型值估计育种值的选择方法，有顺序选择法和独立淘汰法。

顺序选择法，又称单项选择法，是对计划选择的多个性状逐一选择和改进。每个性状选择一个或几个世代，待此性状获得满意选择效果后，在选择第二个性状，之后再选择第3个性状，顺序递选。

独立淘汰法，是将所有选择的肉羊生产性状（如日增重、饲料转化率和背膘厚）各确定一个选择界限，凡是留种的个体，必须同时超过各个生产性状的选择标准，如有一项低于标准，不管其他性状的优劣，均要淘汰。独立淘汰法是同时考虑了多个性状的选择，优于顺序选择法，可以随着记录资料的获得对群体进行顺序截顶选择，简单易行。指数选择法理论上要等到所有记录资料都得到后才能进行淘汰，而这种顺序淘汰方案耗时低，使得独立淘汰法经济总效率优于指数选择法，在多数肉羊育种方案中不同程度地应用了独立淘汰法，最近，一些研究者先后研究出有关独立淘汰法最适截顶值的计算机程序，推动了该方法的进一步应用。但这种方法也容易将大多数性状表现突出、个别性状不足的肉羊淘汰掉，而各个性状表现平平的肉羊反而保留下来，因此，在利用这种方法时，应结合其他选择方法同时进行。

（二）间接选择

对肉羊的一个性状（如性状1）进行选择往往会导致另一个性状（如性状2）加性遗传值的增加，这就是选择性状1引起性状2的相关选择反应。这种相关反应取决于性状1的遗传进展，及性状1单位改变量引起性状2的遗传改变量，性状2的相关反应（ΔG）为：$\Delta G=r_g\times h_1\times h_2\times i\times\delta_p$。间接选择就是为了获得相关反应的选择。用这种方法改进性状2（直接关心的性状）的效果是可以计算的，也可以与直接选择性状2的遗传改进量进行比较。相对于直接选择反应，用期望反应率来表示间接选择的期望反应。如果两个性状的选择强度相同，那么间接选择期望相对改进量公式为：$\Delta G=(r_g\times h_1\times h_2\times i\times\delta_p)/(h_2{}^2\times i\times\delta_p)=r_g\times h_1/h_2$

公式中，h_1和h_2分别为性状1和2的遗传力平方根；r_g为两性状间的遗传相关。相关反应取决于性状间的遗传相关、遗传力、选择强度和性状 2 的表型方差。在肉羊育种实践中，有时通过性状 1 对性状 2 进行间接选择，往往比直接对性状 2 的选择更为有效和合理，特别是对一些限性性状和晚期性状，如公羊产羔数、肉质、净肉率和成年体重等。

间接选择的基本条件是性状 1（次选性状）的遗传力较高，性状 1 和性状 2（主选性状）间有中等以上遗传相关；或者性状 1 的遗传力中等，而两性状间有高的遗传相关。遗传相关的负号对性状 1 并无影响。在间接选择时，性状 2 的遗传力可以很低，而性状 1 的遗传力则应尽可能高，性状间遗传相关也相应高，尽量大于 0.5。性状间遗传相关高，遗传力差异大，那么相关反应的优势也就越明显，间接选择的效果越好。

（三）指数选择

单性状育种值的选择指数，指利用与待筛选个体性状相关的其他个体（亲代、旁系、本身和女儿）性状进行制定育种值的选择指数方法，比如，利用双亲、旁系、本身和女儿的初生重与候选肉羊的初生重一起制定一个选择指数，这样就加大了对肉羊生长性状的遗传改进。然而，通常情况下，肉羊往往需要同时改进几个性状（如初生重、产羔数、泌乳量），这时可以应用复合育种值选择指数法，这需要给每一个性状赋予一个经济加权系数。复合育种值选择指数法可以将记录资料综合到一个分数或指数中去，利用这个分数（或指数）可以对肉羊个体排队选择。复合育种值选择指数法主要应用于以下几方面：①利用亲属的记录对个体多个性状进行选择；②利用个体本身记录选择几个性状；③选择品系或品系杂种。复合育种值的选择指数如下：

$$I\% = \frac{W_1\hat{A}_1}{\bar{P}_1} + \frac{W_2\hat{A}_2}{\bar{P}_2} + \cdots\cdots + \frac{W_n\hat{A}n}{\bar{P}_n}$$，其中

$$\hat{A}_1=(0.1\hat{A}_{亲代}+0.2\hat{A}_{旁系}+0.3\hat{A}_{本身}+0.4\hat{A}_{女儿})_1$$
$$=(0.1((P_{亲代}-\bar{P})h^2+\bar{P})+0.2((P_{旁系}-\bar{P})h^2+\bar{P})+$$
$$0.3((P_{本身}-\bar{P})h^2+\bar{P}+0.4((P_{女儿}-\bar{P})h^2+\bar{P}))_1$$
$$\hat{A}_n=(0.1\hat{A}_{亲代}+0.2\hat{A}_{旁系}+0.3\hat{A}_{本身}+0.4\hat{A}_{女儿})_n$$
$$=(0.1((P_{亲代}-\bar{P})h^2+\bar{P})+0.2((P_{旁系}-\bar{P})h^2+\bar{P})+$$
$$0.3((P_{本身}-\bar{P})h^2+\bar{P}+0.4((P_{女儿}-\bar{P})h^2+\bar{P}))_n$$

注：$I\%$表示复合育种值的选择指数；W 表示各性状经济加权系数；$\hat{A}_1$ 表示第 1 个性状育种值；$\hat{A}_n$ 表示第 n 个性状育种值；$\bar{P}_1$ 表示第 1 个性状表型平均值；$\bar{P}_n$ 表示第 n 个性状表型平均值；$\hat{A}_{亲代}$表示亲代育种值；$\hat{A}_{旁系}$表示旁系育种值；$\hat{A}_{本身}$表示自身育种值；$\hat{A}_{女儿}$表示女儿育种值；$P_{亲代}$表示亲代个体性状表型值；$P_{旁系}$表示旁系个体性状表型值；$P_{本身}$表示本身个体性状表型值；$P_{女儿}$表示女儿个体性状表型值。在计算公羊复合育种值的选择指数时，还要对公羊遗传力进行校正，校正公式如下：

母亲对公羊遗传力校正公式：$h^2_{母亲}=\frac{0.5nh^2}{1+(n-1)t}$，其中 n 为样本数，t 为重复力，下同；本身对公羊遗传力校正公式：$h^2_{本身}=\frac{nh^2}{1+(n-1)t}$；旁系对公羊遗传力校正公式：$h^2_{旁系}=\frac{0.25nh^2}{1+(n-1)0.25t}$；女儿对公羊遗传力校正公式：$h^2_{女儿}=\frac{0.5nh^2}{1+(n-1)0.25t}$。

（四）产肉力的选择

对肉羊育种来说，肉羊产肉能力是一个最重要的选择性状。

肉用性状包括生长速度、生产效率和胴体品质。在生产效率方面，肉羊繁殖性能是肉羊生产经济效益的一个重要组成部分，占的比重较大。如果母羊繁殖力高，那么每个商品肉羊所分担的母羊饲养成本就相对较低。因此，有的肉羊育种者将肉羊的繁殖性能和生长速度看的同样重要。

肉羊的生长性状具有中高等遗传力，十分有利于肉羊的选择，即使用简单的表型选择，也能取得较快的遗传进展。表 1-33 是南江黄羊生长性能（体重、体尺和日增重）的遗传力。

表 1-33　南江黄羊体重、体尺和日增重的遗传力

性状	初生	2 月龄	6 月龄	周岁	成年
体重	0. 18	0. 43	0. 33	0. 33	0. 33
体高	/	0. 96	0. 80	0. 68	0. 34
体长	/	0. 61	0. 89	0. 70	/
胸围	/	0. 43	0. 56	0. 09	/
日增重	/	0. 44	/	0. 39	/

肉羊繁殖性状具有中低等遗传力。南江黄羊第 1～5 胎产羔率的遗传力分别为 0. 02、0. 23、0. 46、0. 25 和 0. 18。第一胎产羔率的遗传力极低，之后多数胎次的遗传力属于中低等遗传力，各胎次产羔率的重复力也较低，仅为 0. 06。肉羊的产羔率受环境影响较大，用个体选择等方法提高产羔率的遗传改进量较低，这也是肉羊育种中的一个难点，家系选择和杂交等方法对繁殖性能的提高比较有效。

三、不同选择方法的遗传进展

肉羊育种普遍存在着世代重叠，用牧场资料来无偏估计由环境因素影响的遗传变化，可以用不同年度内出生公羊的后裔成绩，采用最小二乘分析法，同时估计公羊效应和年度效应。用数年内的群体均值进行比较公羊后裔成绩，通过加倍公羊效应或同期比较对年度的回归，可以获得群体年度遗传变化的估值。为了提高选择的准确性，羊场里记录的公羊必须是利用多年，且有许多不同年龄公羊的重叠使用大量的记录资料。

在肉羊实际育种中，选用的方法应该符合育种群体的实际情况，特别是要充分考虑肉羊群体的大小和生产性能资料的质量。在一个大的肉羊育种群体中（例如 1 万只），未获得生长性能最大年度遗传进展，所采用的选择方法依次为后裔、半同胞、系谱和个体选择方法。但在肉羊育种实践中遇到的几乎都是小群体，如在 400 头肉羊的小群体内进行选择，遗传进展则很小。随着群体的增大，遗传反应增大，遗传进展也增大：①群体增大可以使每头公羊有更多的女儿数，可以增加选择的准确性；②验证公羊的女儿多，这是肉羊取得遗传进展的主要作用；③由于参加测定的公羊多，选择强度也增大。多数育种者都希望用肉羊大群体进行后裔测定，半同胞测定也同样受群体大小的影响，在系谱选择中因选择强度这个问题，同样受到群体大小的影响。只有个体选择不受肉羊群体大小变化的影响，这是目前我国肉羊育种方案中多采用个体选择的原因，这不是因为选择方法优劣的问题，而是受育种环境条件的限制。

四、遗传进展缓慢的原因

对于肉羊育种中多数小群体而言，选择的遗传进展较小，原因如下：①双亲较差，多数肉羊群体是小群体，对公羊测定不利。在小群体中测定后备公羊，同时又使用已经验证的公羊很难做到，使用此方案至少需要 1 500头肉羊的群体才行；在没有验证公羊时，通常利用系谱选择的公羊进行选择，但这些公羊的育种价值具有不确定性。②选择强度小，在小群体内，选择强度不是很高，这是肉羊育种群体遗传进展缓慢的另一个重要原因。③遗传估计值偏高。在肉羊遗传参数估计时，为了增加肉羊数量，往往使用许多年度和没有共同公羊多个羊场的记录资料。由于世代和羊场不同的个体不是同一个群体，而孟德尔遗传群体强调的是在一定时间和地点内存在品种间杂交的动物群体，所以，不同世代或没有采用同一组公羊的不同羊场内的肉羊不是用最小二乘法进行遗传分析的有效材料。如果将公羊效应与年度效应或羊场效应进行混杂，就会导致遗传参数估值偏高。较为理想的肉羊群体应是在 3～4 年内，应用了同一组公羊的羊场个体组成，如果使用多年和多个羊场的记录估算肉羊遗传参数，应该考虑年—场—季效应和公羊效应等。

第四节　种羊性能测定

种羊性能测定是在同等条件下，通过专用仪器设备和外观对影响种羊生长、繁殖和外貌的多项指标进行测定，它是提高种羊质量并为遗传评估和种羊育种提供科学数据的一项重要技术手段，对开展联合育种和发展现代化肉羊业具有重要意义。种羊性能测定分中心测定和场内测定两种形式，以种羊生产企业大量进行的场内测定为主，以公正、权威第三方进行的中心测定为辅。

一、生长性能测定

（一）个体品质测定

种用肉羊生长性能的测定，一般只针对有希望定为推荐级的 4 月龄后备种公羊进行测定，而一般交由专门的性能测定站进行测定。送检的公羔系谱必须清楚、母亲繁殖指数符合该品种要求、体形外貌评分要达到 60 分以上和其他品质鉴定符合品种标准。送检公羔的测定项目包括进站体重、饲养结束时体重和消耗的草料量。送检公羔测定及报送数据的处理：测定期内平均日增重、标准日龄（165d）的平均日增重和料重比等。在 4 月龄以前公羔生长性能的测定主要由肉羊育种场测定，包括以下三项：

1. 1 月龄内羔羊的鉴定和选择

它是后续鉴定和选择的基础，是反映肉羊早期生长速度快慢与否的重要标志，主要从以下 3 个方面对其进行测定或评定：①初生重测定，在出生后立即进行称重，它可反映母羊妊娠后期的饲养水平和为后续估测母亲泌乳力提供基础。②1 月龄体重测定和平均日增重计算，在羔羊生初生后 25～35 日龄内进行，它既可反映生长能力的强弱，还能反映母亲泌乳力的高低，只有平均日增重大于育种设计要求的肉羊个体才能被留作种用，平均日增重计算公式为：平均日增重 =（末重 - 初重）/哺乳天数。③畸形羔羊的观察和评定，在羔羊出生的 1 月内，要随时观察和记录是否出现畸形和是哪种畸形，山羊中的间性、畸形羔羊等一律不得选入种用羊群，只能转入商品育肥群。如果某个种羊所生羔羊中畸形比例较高，表明该种羊可能是畸形基因的携带者，应及时淘汰。

2. 2 月龄体重的测定

一般在 60 日龄左右称重，并计算出 2 月龄的平均日增重，它可作为判定羔羊生长速度、采食和消化植物性饲料能力的重要依据。如果羔羊 2 月龄平均日增重达不到育种设计的要求，则该肉羊个体不能作为候选种羊继续培育，应转入商品肉羊群饲养。对肉用种羊的早期选择实际上采用的是独立淘汰法，选择相当严格。

3. 4 月龄体重的测定

它是每个种羊选留的重要依据之一，每个留作种用的公母羊 4 月龄体重均应达到该品种的标准。例如夏洛来的公羔和母羔应分别在 37kg 和 32kg 以上，然而，在育种之初所设计的肉羊体重不应过高，应该有一个较为宽松的范围，不然会因入选的羔羊数量太少而不能保证肉羊群体的数量而无法进行后续的肉羊选育。肉羊的生长具有一定的波动性（疾病影响）和不平衡性，用这种独立淘汰的方法有一定局限性，特别是对那些来源于优秀家系的个体，所以在淘汰羔羊时要进行综合分析，最好能建立早期生长模型并用其进行选择，可以避免肉羊生长波动性对肉羊选择的影响。

（二）后裔测定

后裔测定目前常用于种公羊的评定。它是一个反复的过程，每年用肉羊群体一小部分与新一批后备公羊交配，肉羊群体其余部分与验证过的公羊进行交配。

验证过的公羊女儿作为后备母羊进入生产群体（第一代母羊的后裔）。此后各代母羊后裔作为后备母羊进入生产群体内（来自验证过的公羊的女儿的第二代后备母羊，从第二代带来的第三代后备母羊等）进行选种。这些世代遗传进展的获得实际上没有额外测定费用的支出。

经验证后的公羊以人工授精方式获得后备公羊，作为年轻公羊使用，最后成为验证公羊。进入育种群的正好是公羊的女儿、孙女儿，因此能产生大量的遗传进展。应该将群体内大部分个体与验证公羊进行交配，在一个有400头能繁母羊的小群体中，为了保持最小后裔群，需用80%的个体与年轻公羊进行交配，只剩一小部分个体与验证公羊交配。每年的遗传进展是0.25%。当群体增大时，就可能有大的后裔测定群体，从而增加选择的准确性，同时就有更多的个体来验证公羊。随着群体的增大，这两个因素可使肉羊年度遗传进展由小群体的0.25%增加到大群体的1.09%，此外，还可以测定更多公羊，以提高选择强度。因此，为了获得最大的遗传进展，应该用大的肉羊繁殖群体来进行后裔测定。这在人工授精的情况下是非常容易做到的。在小于

100头母羊小群体内用后裔测定的选择效率还不及根据母羊的生产力选择年轻公羊的效率。为了克服小群体的不足之处，有的育种者组织几个育种场进行后裔测定，甚至在邻近农村地区执行大范围的人工授精和生产性能记录，这在一定程度上也是成功的。

公羊选择的遗传反应为：$\Delta G=0.5i\times\delta_g\times r_{IA}\times(1-p)$，这里$i$是选择强度，$\delta_g$是肉羊繁殖或生长性状的遗传标准差，$r_{IA}$是选择的精确度，$(1-p)$是验证的公羊和与配母羊群体的比例。式中乘以0.5是只考虑公羊的遗传改进量。

选择强度与选择的精确度成反比关系。如果说有100头女儿可以使用，按每头公羊测10头女儿的比例，可测定10头公羊；如果每头公羊配20头女儿，仅可测定5头公羊。公羊选择精确度和选择强度是估计后裔群体最适大小的两个主要因素。

最适后裔群体大小随着以下几方面的变化而增大：①群体的增大；②遗传力下降；③选择强度的增大；④减少近交。在一个1.5万头能繁母羊群体中，通过使用大量年轻公羊，每头公羊与最少20头母羊数相配，可获得最大遗传进展。准确性的降低超过了增大后裔测定公羊间选择差的补偿部分。在一个20万头能繁母羊群体中，为了获得最大的遗传改进量，每年应测定100头年轻公羊，每个后裔组23头母羊，最后选择5头最优秀的种公羊作为验证公羊来使用。在肉羊育种实践中，经后裔测定留下来的年轻公羊比例大于1∶20，主要是因为后裔测定耗费较大，应该用群体的15%~30%的母羊来测试公羊，其余验证公羊。

1. 最小的后裔群体规模

肉羊后裔测定的精确度随每头测定公羊女儿数的增加而增加，但每头公羊女儿数太多，则测定的公羊头数就会减少，相当于降低了选择强度。因此，在肉羊后裔测定时，应协调好选择精确度和选择强度的关系，这主要取决于性状的遗传力和变异性。在肉羊普遍采用人工授精情况下，每头公羊至少要有100头女儿参与测定。但在中等大小群体内，每头公羊要有这么多的女儿是不太现实的。如果知道了显著性测定的公羊均值间的差异，那么就可以确定需要的最少女儿数，其计算方法和生物统计学中确定样本大小的方法一致。表 1–34 列出了部分精度要求下，每头公羊所需要的女儿数。

从表 1–34 中我们可以看出，性状的变异越大，测定的差异就越小，而每头公羊需要的女儿数越多。所以，群体应由同一品种或同一类型的个体组成，生长或繁殖性能的变异应较小，饲养管理和环境条件应基本相同。如果让每头公羊有 50 头女儿，则每头公羊需配 60 头母羊以备筛选。

表 1–34　每头公羊所需要的女儿数

优秀公羊比例	5%	10%	15%	20%
CV（%）40	246	61	27	15
CV（%）36	199	50	22	12
CV（%）33	167	42	19	10
CV（%）30	138	35	15	9
CV（%）25	96	24	11	6

2. 测定的公羊数

待测年轻公羊头数取决于需要验证公羊的头数、选择率和群体大小。为了降低成本，应尽可能减少测定的公羊头数。假定有一个大公羊群体，育种值已知，做图就会形成一个正态曲线，那么，期望选择的公羊至少要高于群体均值一个标准差以上的选择差，均值上下一个标准差要占曲线下总面积近 2/3。因此，选择的群体要位于正态曲线右边部分，占 1/6 的面积，也就是说，6 头公羊中要有一头公羊的生产成绩位于这个选择面积之中。如果要选留 5 头验证公羊，那么一个标准差的选择强度就必须要测定

30 头公羊。

3. 期望进展的估计

肉羊选择的年遗传改进量可由下式来估计，$P_n = P_0$（$1+\Delta G_y/100)^n$，这里，P_n是 n 年后的生长速度或繁殖性能，P_0是选择开始时的生长速度或繁殖性能，ΔG_y是年遗传进展率。

4. 更新率

更新率指在肉羊群体中的随机母羊在某一年内有一个后裔将进入生产的概率。更新率由在该年度内产羔的母羊、初生的是活羔、活羔是母羔、活母羔成活到 6 月龄、6 月龄羔羊到性成熟、性成熟母羊怀孕和产羔等事件决定。如果这些事件估计的概率分别为 0.84、0.99、0.46、0.82、0.96、0.94 和 0.95，且这些事件是独立的，那么总事件的概率就是各事件概率的乘积，即 0.27。这就表明，成年肉羊群中 27%的个体在下一代中更新它们是可以实现的。一般来说，更新率与后裔测定群的测定能力有关。在我国肉羊实际育种群中，更新率主要不是由上面群体自然更新的可能性决定，而是由育种群体的最大可能程度决定，这是由于育种者维持肉羊育种群的规模是有限的。

5. 后裔测定方案

南方典型肉羊育种群体后裔测定方案（图 1-32），2.5 万头成年能繁母羊和羔羊全部采用人工授精。筛选 5 000头母羊（占 20%）与 20 头年轻公羊进行交配，20%的更新率可产生 1 000头小母羊，它们的生产记录可以对年轻公羊进行评定，每头公羊用 50 头小母羊评定。根据同期比较选出 5 头优秀种公羊进入 10 头优秀公羊群内，用这 10 头公羊的精液配剩余 2 万头母羊。从这 10 头优秀公羊群中选取 4 头最优秀的公羊，与 40 头生长和繁殖性能最好的母羊进行配种，从而继续获得每年进行后裔测定所需要的 20 头年轻公羊，从中筛选出 5 头优秀公羊补入 10 头公羊群，同时淘汰 10 头公羊群中较差的 5 头公羊，此过程每年循环进行。

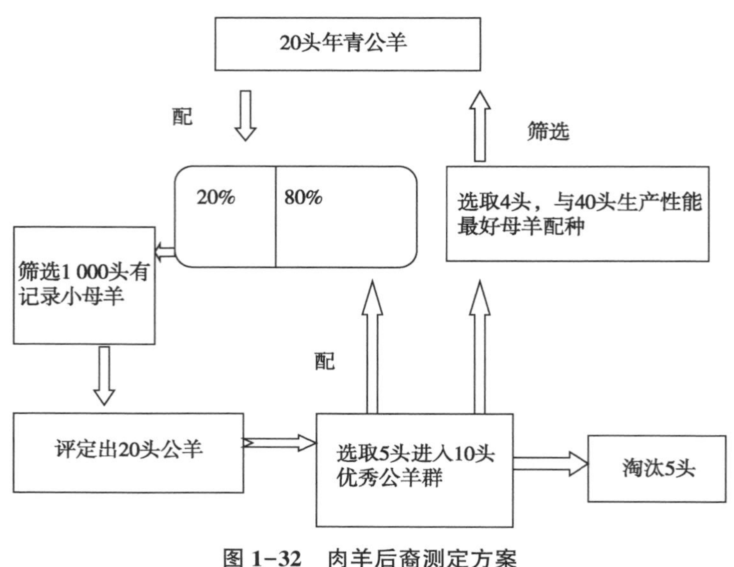

图 1-32　肉羊后裔测定方案

二、繁殖性能测定

母羊繁殖性能的测定常用繁殖指数表示，它反映了母羊在一年内的有效繁殖成绩，繁殖指数指标包含了母羊的产羔能力、泌乳能力和羔羊成活能力等。繁殖指数计算公式为：繁殖指数=产出和育成羔羊的平均成绩/（饲养月数/12），其中母亲产出和育成羔羊的平均成绩为（产出羔羊数+育成羔羊数）/2，饲养月数指测定公羔时其母亲的月龄减去 4 个月。例如，某待测公羔，其母亲的月龄为 61 个月，共产了 8 只羔羊，育活 8 只羔羊，一年产一胎。则其母亲的产出和育成羔羊的成绩是（8+8）/2=8；饲养月数=61-4=57；繁殖指数=8/（57/12）=1.68。

三、体型外貌测定

肉羊体型外貌评定是肉羊育种中长期使用的方法，实际上属于个体品质鉴定的一种方法，是以品种特征和肉用类型特征为主要依据而进行的选择方法。体型外貌性状属于中高等遗传力，通过个体选择是有效的，一般采用记分方法进行选择。评分达到满分的50%为及格，达到65%以上者为良好，达到80%以上者为优秀。只有体形外貌评分及格的肉羊，才能初步定为系谱登记的种用羊，否则被列入商品羊群；评分达65%以上者，才能被评为一级（推荐级）种羊；评分达80%以上者，才能被评为特级（优良级）种羊。在育种实践中，应坚持先指数选择后体型外貌选择的基本原则。

对后备种羊进行体形外貌评定的时间一般110~120日龄进行，满分为100分，50分为及格，65分为良好，80分为优秀。各分项评定的要点及其记分办法如下：

（一）总体综合评定

满分记34分。从以下4个方面分别进行评分：①肉羊体型大小的评定，满分记6分，根据品种和年龄应该达到的体格和体重标准进行衡量，达标者记6分，较差的要酌情扣分；②体型结构评定，满分记10分，总观羊体，表现低身广躯，长、宽比例协调，各部位结合良好且匀称的记10分，较差的要酌情扣分；③肌肉分布和附着评定，满分记10分，凡臀、尾和后腿丰满，各重要部位有较多肌肉分布的记10分，较差的要酌情扣分；④骨、皮和毛外观评定，满分记8分，凡骨骼相对较细，皮肤较薄，被毛生长良好且较细者记8分，较差的要酌情扣分。

（二）头、颈部的评定

满分记7分。①根据品种要求，口大和唇薄的记1分；②额宽丰满，长、宽比例适当的记2分；③面部短而细致的记1分；

④耳纤细灵活的记 1 分；⑤颈长度适中，颈肩结合良好的记 2 分，以上 5 点有不足者要酌情扣分。

（三）前躯的评定

满分记 7 分。①按品种要求，肩部丰满、紧凑和厚实的记 4 分；②前胸宽深，丰满厚实，肌肉直达前肢的记 2 分；③前肢直立、腱短，距离较宽且胫较细的记 1 分，以上 3 点有不足者要酌情扣分。

（四）体躯的评定

满分记 27 分。①按品种要求，正胸宽、深和胸围大的记 5 分；②背宽平、长度中等且肌肉发达的记 8 分；③腰宽长且肌肉丰满的记 9 分；④肋骨开展良好且长而紧密的记 3 分；⑤肋腰部低厚并在腹下呈直线的记 2 分，以上 5 点有不足者要酌情扣分。

（五）后躯的评定

满分记 16 分。①按品种要求，腰光滑、平直，腰部和荐部结合良好且开展的记 2 分；②臀部长、平且宽直达尾根的记 5 分；③大腿肌肉丰厚和后裆开阔的记 5 分；④小腿肥厚成大弧形的记 3 分；⑤后肢短直、坚强且胫相对较细的记 1 分，以上 5 点有不足者要酌情扣分。

（六）被毛评定

满分记 9 分。①按品种要求，被毛覆盖良好、较细和柔软的记 3 分；②被毛较长的记 3 分；③被毛光泽较好、油汗中等且较清洁的记 3 分，以上 3 点有不足的酌情扣分。对于肉毛兼用型绵羊品种，被毛的评分在实际育种中可适当增加。

第五节　种羊遗传评定（选种）

种羊遗传评估即育种值估计，是将要评估的个体（种母羊和种公羊）放在相同的环境中进行比较。常用的方法有综合指数选择法（见第三节指数选择）、最佳线性无偏估计（BLUP）法和分子标记辅助选择法三种。

一、种母羊遗传评定

目前，种母羊一般由羊场自己进行选育和划分其种用等级，一般采用个体品质鉴定方法。体形外貌评分达65分以上的种用母羊，繁殖和泌乳指数均较高的，可评为优秀级；繁殖和泌乳指数一般的，可评为良好级。不符合上述两项规定的，一律定为合格级种母羊，不能进入育种核心群。由于种公羊在育种中所起作用非常大，所以种公羊的选择常用的不是个体品质鉴定，而是其他更精确的方法。

二、种公羊遗传评定

种公羊评定的目的主要是获得种公羊育种值的精确无偏估计。在育种实际中，无偏估计的条件不可能完全满足，主要是存在有偏额外方差（系统环境效应），应该在可能情况下尽量降低它们的效应。羊群是影响母羊繁殖成绩环境方差的主要来源，而产羔年度和季节是次要来源，此外，羊群间遗传差异也可以造成一些遗传偏差。

女儿均值是基本的公羊指数，对不同环境效应的校正可形成不同的指数。只要公羊与母羊进行随机交配，所生女儿在同一环境条件下饲养和测定，数量足够大时，女儿均值就相当精确和计算简单。如果与一头公羊配种时，这组母羊的遗传价值存在差异，就要对母羊的繁殖水平进行校正，这就出现了母女比较法。当公羊的女儿分布在不同年度内时，还要校正年度差异，即将公羊的每一女儿记录（D）减去同龄女儿相应年度均值（C_0），再加上羊群均值（A），即 $I=A+(D-C_0)$。以同期同龄比较为基础的评定方法在评定公羊时都没有考虑每头公羊女儿数的差异，应

该用 $2nh^2/4+(n-1)h^2$ 加权平均来校正，即 $I=A+2nh^2\times(D-C_0)/[4+(n-1)h^2]$。作母女比较时，$I=A+2nh^2\times[(D-C_0)-(M-C_M)]/[4+(n-1)h^2]$，其中 M 为母亲生产的成绩，这个指数对女儿均值校正了不同公羊与配母羊的不同生产水平、不同时间的环境方差和参加测定的女儿头数，因此，是一个比较好的指数。

人工授精技术的推广让一头公羊的女儿分布于许多群体中。群伴比较法大大消除了公羊育种值估计中羊群、季节和产羔年度差异在产生上所造成的复杂性。用预期差法（PD）在标准基础上对公羊进行排队可提高群伴比较法的精确性，这个值（PD）就是每个公羊后裔预期在群体均值基础上的差值。当公羊女儿仅有一个记录时，假定后裔中所有相似性都是遗传的（$C^2=0$），则 PD 值计算公式为 $PD=nh^2\times[D-0.9(HM-B)-B]/[4+(n-1)h^2]$，其中 n 是女儿数，D 是女儿均值，0.9 是对女儿记录进行校正（此校正系数是根据具体羊群的生产性能而确定的），HM 是同群羊均值，B 是品种均值。

（一）群伴比较法和线性模型技术

群伴比较法可归纳为两步：①剔除羊群—年度—季节效应（用记录与场—年—季效应均值之差来表示）；②忽略羊群—年度—季节效应，分析这些离差估计公羊效应。相对于同群比较法，另一个方法是加权最小二乘法或极大似然法，它同时考虑公羊、羊群—年度—季节效应，使用时要根据效应是固定的、随机的还是混合的来使用。在肉羊实际遗传评定中，群伴比较法、最小二乘法和极大似然法对公羊的评级是相同的，精确性差不多，然而这类线性预测技术采用的是未知观察记录的均值、未知方差和协方差，存在候选个体信息不等和高度非正交现象等，这在某些情况下会影响评定的精确性。

（二）加权最小二乘法

公羊繁殖性能的育种值是根据其女儿的成绩求得的。公羊效应与半同胞姐妹共有唯一的遗传效应，一头公羊女儿间的遗传协方差（$\delta_{d1,d2}$）是加性遗传方差的（$\delta_g^2/4$）的函数，随机交配时，$\delta_{d1,d2}=\delta_s^2$。如果共同基因是半同胞相似的唯一来源，那么，一头公羊 n 个半同胞女儿的均值方差（δ_d^2）为 $\delta_d^2=\delta_s^2+\delta_e^2/n$，将来的女儿对现在女儿的回归可表示为 $b_{df.d}=\delta_{d1,d2}/\delta_d^2=\delta_e^2/(\delta_s^2+\delta_e^2/n)=n/(n+\delta_e^2/\delta_s^2)$，当 n 很大时，上式值接近于 1。如果用 S_I表示最小二乘公羊常数（公羊后裔与群体均值的离差），那一头公羊的基因型值（g_i）为 $g_i=2s_i$，公羊的期望育种值（EBV）为 $EBV=2n\times s_i/(n+\delta_e^2/\delta_s^2)=snh^2\times s_i/[4+(n-1)h^2]$。

（三）群伴比较的限制因素

采用同群母羊比较法评定公羊的一个基本条件是繁殖性状，不同公羊的后裔应该与具有相同遗传性能的同群母羊相比较。同群羊比较的另外两个基本条件是：所有的羊群和地区应该有相同的选择目标，所使用的公羊具有相同的遗传价值，否则用同伴比较法评价这些差异存在公羊评定系统误差。虽然这些误差与公羊间的差异相比比较小，但通过修正同群羊比较法或采用其他的方法来剔除这些误差会更好。

（四）Henderson 的混合模型（BLUP 法）

在公羊遗传评定中，必须对影响精确性的因素进行考虑，这些因素有遗传趋势、种羊群间差异趋势、被评定公羊来自不同的群体、羊群间公羊的非随机分布、母羊平均遗传价值上的羊群差异和季节性差异等。Henderson 的混合模型［BLUP 法（最佳线性无偏估计）］考虑了以上这些因素，从而使种羊育种值的预测比上面的线性预测方法更精确。它综合了最小二乘法和选择指数的特点，它不是把公羊看成是一个来自单一静止群体的随机样本，而是指定公羊到一个固定群内，按照公羊和登记进入配种的时间，使其成为一个混合模型。

最佳线性无偏估计（BLUP）法是从女儿繁殖记录 Y 的一个函数来预测公羊的育种值（$\hat{g}$）$\hat{g}=\mathrm{f}(Y)$，这个预测必须是无偏有效的，预测的误差方差（$\hat{g}-g$）^{2}为最小。多数采用如下混合模型：$Y=Xb+Zg+e$，其中 Y 是观察值向量（记录），X 是已知的固定矩阵，b 是未知的固定向量，Z 是已知的固定矩阵，g 是非观察随机向量（公羊值），平均值为 0，方差协方差矩阵为 G_{δ^2}；e 是非观察随机向量，平均值为 0，方差协方差矩阵为 G_{δ^2}；G 和 R 是已知非奇异的，R 是单位矩阵与一个数的乘积，G 常常是对角矩阵，δ^2是一个未知常数。g 和 e 互不相关。Y 和 g 的均值为 $\bar{Y}=XB$，$\bar{g}=pB$，其中 p 是已知矩阵。对 Y 的一个线性函数，当均值为 0，使 E（$g\sim g$）^{2}最小时，则 $g_i=P'_iB+b'_i(Y-XB)$ ……①，其中 b_i 是正规指数方程的解。$Vb_i=C_i$……②，其中 V 是 Y 的方差-协方差矩阵，C 是 Y 与 g 间的协方差矩阵，B 是 $X'V^{-1}B=X'V^{-1}Y$……③的任一解，式③是假定 pB 可估时，概括为最小二乘方程，Henderson 称之为最佳线性无偏估计（BLUP 法），这种方法不要求观察值一定要呈正态分布，可以在模型中考虑更多的生物学因素，从而使其更接近肉羊所处的生物学和饲养管理环境。

在肉羊育种中，公羊的遗传评定可能会出现偏倚，用 BLUP 方法可以克服这些偏倚：①肉羊人工授精后，公羊后裔的头数是不等的，如果没有对此进行校正，则预测的误差方差就会很大，具有最高育种估计值的公羊最可能是后裔头数最少的个体。如果选择强度大，后裔头数不清楚的公羊则可能补选上。②种羊群具有不等的遗传价值，由于公羊头数少，并不是所有公羊在所有的肉羊群体中都有后裔存在，因此，种羊群的遗传价值可能出现差异。根据 BLUP 法的要求，可以将公羊合理的指定到 2 个或多个固定组内，可以降低或剔除这种偏倚。③不同世代和不同群体的公羊，由于选择上的差异，遗传进展也不一样。如果将这些公羊合理的分到 2 个或 3 个固定的组内，则会提高对公羊遗传评定的精度。④如果利用女儿多个繁殖记录的时候，将会高估第一个繁殖记录低的公羊，用 BLUP 法可以对第一个繁殖记录高低不同的公羊作出合理的比较。

（五）基因与环境的互作

基因与环境互作的类型。采用人工授精技术，存在同一公羊给不同环境条件下的多个母羊群进行配种的可能。基因型和环境的互作可使公羊的选择发应发生偏倚，用这一环境条件下从表型排队的基因型顺序来推测另一环境条件下的排队顺序，其精确性将降低。一头公羊的所有女儿，处在不同的环境条件下，它们的生产成绩会受到环境的影响。公羊与环境互作的类型如下：①公羊与羊群的互作，选作人工授精的公羊一般来自管理和饲养条件较好的羊群，然而，用人工授精技术产生的女儿分布在不同农场的环境条件下，有时因饲养管理条件差，往往会导致生产性能要远远低于平均水平，影响了公羊的排队顺序，公羊与羊群的这种互作可以用多个羊群女儿的成绩来予以降低或消除。②公羊与年度—季节—场（地区）的互作，人工授精技术可以使公羊的女儿分布在不同的年度、季节和场（地区）内，这种互作是存在的，然而这方面的研究较少，下一步应加大这方面的研究。

基因与环境互作的测定。先将所有的互作建立一个模型，然后去掉不显著的互作，再重新分析，这样逐个测定，公羊与其他许多效应的互作是不显著的。常采用最小二乘分析法估计羊场（h_i）、公羊（S_j）、年度（Y_k）和季节（Z_l）等效应：$X_{ijklm}=\mu+h_i+S_j+Y_k+Z_l+e_{ijklm}$，其中 X_{ijklm}是母羊的繁殖记录，μ 是群体均值，期望值为 $E(h^2)=\delta_h^{\ 2}$，$E(S_j^{\ 2})=\delta_s^{\ 2}$，$E(Y_k^{\ 2})=\delta_Y^{\ 2}$，$E(Z_j^{\ 2})=\delta_Z^{\ 2}$，$E(e_{ijklm}^2)=\delta_e^{\ 2}$。为了测定羊场、公羊、年度和季

节的互作效应，每一性状的总互作平方和可用下式求得：$\sum_{ijkl}(X_{ijkl}^2/n_{ijkl})-R(\mu, h, S, Y, Z)$，其中$R(\mu, h, S, Y, Z)$表示拟合括号内各效应常数引起平方和的减少量。由于模型中没有包括互作项，所以计算出误差的平方和为$\sum_{ijklm}(X_{ijkl}^2/n_{ijkl})-\sum_{ijkl}(X_{ijkl}^2/n_{ijkl})$，互作自由度为全部水平组合数减去模型中水平数再加1，误差自由度为总记录数减水平组合数，此分析可表明总互作效应的显著性。

三、分子标记辅助选择

分子标记辅助选择（Marker Assisted Selection，MAS）是指将生物个体或种群基因组间存在某种差异、易识别的特异性DNA片段（如RFLR、微卫星DNA等）作为遗传标记，对数量性状（如生长或繁殖类性状）进行间接选择的一种方法。这种特异性的分子标记是由于DNA分子发生缺失、插入、倒位、易位、重排或由于存在长短与排列不一的重复序列等机制而产生的多态性标记，它与某一数量性状基因座（quantitative trait locus，QTL）存在相关性或连锁关系。分子标记辅助选择相对于常规选择来说，更少受限制性状（屠宰性状）、后期表达性状（产仔性状）和低遗传力性状的影响，能够增大选择强度、缩短世代间隔和提高选择的精确性，减少了繁琐的性能测定而降低了育种成本，可使育种进展提高2%~60%（张勤，2004）。随着分子生物学技术的发展和羊全基因组测序的完成，分子标记辅助选择越来越多的被应用与肉羊（尤其是绵羊）遗传育种中，加速了肉羊遗传育种的进程。

（一）分子标记辅助选择的技术路线与应用

分子标记辅助选择的基本技术路线为：①寻找包含QTL的染色体片段（10~20cm），并在这些区域内标定QTL的位置

(5cm)；②找到与 QTL 紧密连锁的遗传标记（1~2cm），并在遗传标记区域内找到可能的候选基因；③寻找与性状变异有关的特定基因；④寻找这些特定基因的功能基因座；⑤在遗传标记辅助下更加准确地对肉羊性状进行选择。

分子标记信息的利用一般是根据标记信息计算的分子评分（molecular score）来进行，分子评分的计算有多种不同的方式，可根据肉羊个体是否拥有标记的某个等位基因或某种基因型来计算，也可以根据对标记或 QTL 效应的估计来计算，在分子评分的基础上，有 4 种选择方式可供利用：①完全根据分子评分来选择，不考虑表型信息，对遗传基础非常复杂的数量性状来说，它只反映了个别或少数几个基因的作用，没有反映基因间的互作或一因多效的复杂作用，特别是对标记的作用出现判断失误情况时，这样的选择将带来严重的负面后果，因此，这种选择方式不太合理。②将分子评分和表型（或估计育种值）的信息合成一个指数，即 $I=MS+EBV$，根据指数的大小来进行选择，指数中 MS 为用 BLUP 方法估计的 QTL 或主效基因（分子评分）效应，而 EBV 为估计的剩余多基因的效应，用这种方法进行育种，效果要优于单独分子评分和常规 BLUP 方法（Zhang and Smith，1992）。③顺序选择，即先根据分子评分选择，对挑选出来的个体再根据表型或估计育种值进行选择，这种选择方式给予分子评分权限比较大，当 QTL 或主效基因比较大时，与上述指数选择法效果接近，最大的优点为能够使相关基因在群体中迅速固定，免去了在以后世代中进行基因型测定的费用，降低了育种成本。④两阶段选择，即在候选个体尚无表型资料时，先用分子评分选择，对挑选出的个体进行性能测定获取表型信息，再根据表型信息用表型值或 EBV 进行选择，这种选择方式适用于在性能测定前必须进行预选的情形，例如，在使用 MOET 技术进行育种时，一个供体羊可生产若干个全同胞公羔，需要从中选择一部分进行后裔测定，此时，个体本身尚无表型信息，系谱信息因全同胞具有相同的系谱而毫无帮助，此时就可用分子评分来进行选择，而在传统育种中，只能进行盲目的随机选择。

（二）分子标记辅助选择的标记技术

目前，分子标记辅助选择所用到的标记技术主要有3类：①以分子杂交为核心的分子标记技术，主要有限制性片段长度多态性标记（Restriction fragment length polymorphism，RFLP）、DNA指纹技术（DNA Fingerprinting）和原位杂交（In situhybridization）等；②以PCR为核心的分子标记技术，主要有随机扩增多态性DNA标记（Random amplification polymorphism DNA，RAPD）、任意引物PCR标记（Arbitrarily primed polymerase chain reaction，AP-PCR）、扩增片段长度多态性标记（Amplified fragment length polymorphism，AFLP）、微卫星标记（Microsatellite或Simple sequence repeats，SSR或Short tandem repeats，STRs）；③一些新型的分子标记，主要有单核苷酸多态性标记（Single nucleotide polymorphism，SNP）、表达序列标签标记（EST）和线粒体DNA多态性标记等。

分子标记辅助选择所用到的标记技术根据其原理和特点可分为Ⅰ型标记和Ⅱ型标记（表1-35）。Ⅰ型标记是与已知基因（或已知功能的基因）关联的标记，主要包括大部分RFLP标记、广义分子标记中的同工酶标记和EST标记，广泛应用在比较基因组学、基因组进化和候选基因筛选方面。Ⅱ型标记是与未知基因组DNA片段关联的标记，它不编码，不具有表型效应，不承受选择压力，选择呈中性，因此，在群体内或群体间会产生多态性，并符合Hardy-Weinberg平衡定律，主要包括RAPD标记、AFLP标记、微卫星标记和大部分SNP标记，被广泛应用于肉羊分子育种研究、遗传资源研究、品种或品系的识别和杂种的识别方面，近年来多用于与QTL连锁的标记。

表 1-35　DNA 分子遗传标记种类、特点与应用（陈天国等，2006）

名称缩写	类型	遗传方式	研究位点	可能基因数	多态性	主要应用
RFLP	Ⅰ型/Ⅱ型	共显性	单位点	2	低	连锁图谱
RAPD/AP-PCR	Ⅱ型	显性	多位点	2	中	群体研究、杂种识别
AFLP	Ⅱ型	显性	多位点	2	高	连锁图谱 群体研究
SSR	大多Ⅱ型	共显性	单位点	多	高	连锁图谱 群体研究
EST	Ⅰ型	共显性	单位点	2	低	连锁图谱 物理图谱
SNP	大多Ⅱ型	共显性	单位点	2，最高 4	高	连锁图谱 群体研究

（三）分子标记辅助选择种与繁殖、生长和泌乳性状相关的 QTL 及主基因

大多数重要的经济性状在群体内表现为连续变异，控制这一变异的基因座称为数量性状座位（QTL），它实际上是控制某一数量性状部分遗传变异的一个染色体区段，可以反映出单基因的遗传变异或多个连锁基因的单倍型效应（Hapltype effect）。而主基因是相对于微效多基因而言的，它是指能够对数量性状产生巨大效应的单个基因或座位，用特定的统计学和遗传学方法，可对主基因的基因型、基因频率、基因型频率和该基因效应的大小进行检测和估计。高产绵羊和山羊已经被证实存在与繁殖性状（排卵率和产羔数）、生长性状和泌乳性状相关的 QTL（表 1-36）及主效基因（表 1-37）。

表 1-36　与绵羊和山羊繁殖、生长和泌乳性状相关的分子标记 QTL

性状	QTL	物种	文献
繁殖	OAR1，3，12，17，19，20，24	绵羊	Mateescu and Thonney，2010
生长	OAR1，3，6，24	绵羊	Al-Mamun et al.，2015；Matika et al.，2016
	TM-QTL	绵羊	Macfarlane et al.，2014
	CHI4，5，6，14，18，21，29	山羊	Esmailizadeh，2014
泌乳	CHI3，6，14，20	山羊	Roldán et al.，2008
	OAR6	绵羊	Arnyasi et al.，2009

表 1-37　与绵羊和山羊繁殖、生长和泌乳相关的分子标记主效基因

性状	主效基因	突变位点	物种	文献
繁殖	*BMPR1B*	Fec^B	绵羊	Sejian et al.，2015；Mahdavi et al.，2014
	BMP-15	$FecX^G$/$FecX^B$/$FecX^1$/$FecX^H$	绵羊	Wang et al.，2015
	GDF9	$FecG^H$/FecI	绵羊	Wang et al.，2011；Martin et al.，2014；Souza et al.，2014
	Woodlands	$FecX^2$	绵羊	Davis et al.，2002
	FSHR	—	绵羊	Wang et al.，2015
	INH	INHA/ INHBA/INHBB	山羊	滑国华等，2007
生长	*BMPR1B*	Fec^B	绵羊	Sejian et al.，2015
	MC4R	—	绵羊	Zuo et al.，2014
	POU1F1	—	绵羊	Jalil-Sarghale et al.，2014
	TNXB	—	绵羊	Ajayi et al.，2014
	MEF2B/RFXANK	—	绵羊	Zhang et al.，2013
泌乳	*GH*	GH2-Z	绵羊	Dettori et al.，2015

随着我国动物分子育种重大专项的启动与实施，分子标记辅助选择在肉羊育种中将发挥越来越重要的作用，然而，由于数量性状存在的复杂性，要找出在实际生产中能用、好用的分子标记还有很长的路要走。在今后分子标记的应用中，应始终坚持方便使用、操作简单易行的选择，如果能用 1 个基因座或主效基因就能选出优良种羊的决不利用 2 个以上的基因座或主效基因。

四、宜昌白山羊遗传评定

宜昌白山羊是特有的肉皮兼用型山羊品种，年存栏达 130 万~150 万只，出栏达 80 万~100 万只，是湖北省内数量最多、分布最广的地方优良山羊品种。近年来，由于高度近亲繁殖，导致了该品种的退化，为了防止该品种的进一步退化和使其向专门肉用方向发展，需要对其进行严格的选育和遗传评定。在选育过程中，主要从体型外貌、生长发育和生产性能等方面进行评定，最后进行个体综合评定，以确定它们的育种价值。

（一）体型外貌评定

根据表 1-38 的外貌评定标准对待评宜昌白山羊逐一进行评分，然后根据个体所得总分，按评分标准评出个体等级（表 1-39）。

表 1-38 宜昌白山羊外貌鉴定评分标准表

项目	要求标准	评分	
		公羊	母羊
整体结构	被毛全白，富有光泽，体质结实，结构匀称，公羊雄壮刚健，母羊清秀敏捷	20	20
头部	大小适中，面长额宽，鼻直嘴齐，眼大突出有神，耳中等大小且平直伸展，公、母羊均有角，呈粉红色或青灰色	20	20

（续表）

项目	要求标准	评分	
		公羊	母羊
体躯	头颈肩结合良好，母羊颈部较细长清秀而公羊则短粗雄壮，胸部宽深，肋骨开张，背腰平直，尻部长宽且倾斜适度，腹部紧凑	30	30
四肢	端正，刚健有力，结构匀称，关节坚实，系部强，蹄端正	10	10
睾丸乳房	睾丸发育良好，左右对称，附睾明显且富于弹性，适度下垂；乳房基部宽广，形状方圆，附着紧凑，向前延伸，向后突出，质地柔软，大小适中	20	20
合计		100	100

表 1-39　宜昌白山羊体型外貌等级评定表

等级	特级	一级	二级	三级
公羊	100	90~99	75~89	60~74
母羊	100	90~99	75~89	60~74

（二）生长发育评定

宜昌白山羊生长发育评定分 4 个年龄段（3 月龄、6 月龄、12 月龄和 18 月龄）由县级或县级以上专业技术组织进行（表 1-40），5 月龄鉴定由生产单位自行安排。体尺、体重的测量工具和方法为：①测量工具包括游标卡尺、卷尺、皮尺、磅或秤；②体重以早晨空腹 12h 称量为准；③测量时，让羊站在平坦坚实的地上，头自然抬起，四肢站立端正。宜昌白山羊体重、体尺和屠宰率的评定最后分别划分为 4 个等级（特级、一级、二级和三级）（表 1-40）。

表 1-40　宜昌白山羊体重体尺和屠宰性能评定表

年龄	等级	公羊				母羊			
		体重（kg）	体长（cm）	胸围（cm）	屠宰率（%）	体重（kg）	体长（cm）	胸围（cm）	屠宰率（%）
3 月龄	特	14	51	57	40	14	50	57	40
	一	12	48	53	38	12	46	52	38
	二	9	42	49	37	9	42	47	37
	三	7	38	45	36	6	38	43	36
6 月龄	特	23	59	64	44	21	54	63	41
	一	19	58	60	40	17	50	59	40
	二	15	47	56	39	14	46	54	39
	三	11	41	52	38	10	42	50	38
12 月龄	特	29	66	74	43	29	63	74	43
	一	25	60	68	42	25	59	69	42
	二	21	55	62	41	21	54	63	41
	三	17	49	54	39	17	49	58	39
18 月龄	特	35	70	80	46	35	65	80	46
	一	32	65	75	45	30	61	74	45
	二	28	60	70	43	25	56	68	43
	三	24	55	65	42	20	52	62	42

（三）繁殖性能评定

繁殖性能是肉羊的一个重要性能。宜昌白山羊在培养过程中要十分重视其繁殖性能的选择。表 1-41 列出了宜昌白山羊繁殖性能的等级评定标准。后备公、母羊的繁殖性能由系谱确定，并参考同胞资料进行评定。

表 1-41　宜昌白山羊繁殖性能等级评定

项目	特级	一级	二级	三级
年产胎数	2.0	1.8	1.5	1.2
胎产羔数	2.5	2.0	1.5	1.2

（四）个体综合评定

体型外貌、生长发育和繁殖性能三项指标评定后，对宜昌白山羊进行个体综合评定（表1-42），要参考系谱资料以确定其种用价值（表1-43）。对于种用价值高的个体，应给予较多的繁殖机会，从而提高育种群体整体的生产性能。

表 1-42　宜昌白山羊个体综合评定等级表

单项等级			总评等级	单项等级			总评等级
特	特	特	特	一	一	一	一
特	特	一	特	一	一	二	一
特	特	二	一	一	一	三	二
特	特	三	二	一	二	二	二
特	一	一	一	一	二	三	二
特	一	二	一	一	三	三	三
特	一	三	二	二	二	二	二
特	二	二	二	二	二	三	二
特	二	三	二	二	三	三	三
特	三	三	三	三	三	三	三

表 1-43　参考双亲资料进行的宜昌白山羊等级评定

待测羊 父 / 母	特级	一级	二级	三级
特级	特	特	一	二
一级	特	一	二	二
二级	一	二	二	二
三级	二	二	二	三

五、湖北多羔羊遗传评定

湖北多羔羊是以湖羊和蒙古羊为基础杂交培育的多羔肉羊品种，具有体格大、生长发育快、早熟、繁殖力强、性能遗传稳定、适应性强等特点。在该品种选育过程中，主要从体型外貌、生长发育和生产性能等方面进行评定，最后进行个体综合评定，以确定它们的育种价值。

（一）体型外貌评定

根据表 1-44 的外貌评定标准对待评湖北多羔羊逐一进行评分，然后根据个体所得总分，按评分标准评出个体等级（表 1-45）。

表 1-44　湖北多羔羊外貌鉴定评分标准

项目	要求标准	评分	
		公羊	母羊
整体结构	被毛全白，富有光泽，体格中等偏上，公羊雄壮刚健，母羊清秀敏捷	20	20
头部	大小适中，头狭长，鼻梁隆起，耳中等大小且多数下垂，公、母羊均无角	20	20
体躯	头颈肩结合良好，颈部母羊细长而公羊短粗，体躯长圆，胸部宽深，背腰平直，腹部紧凑，短脂尾，尾尖上翘	30	30

（续表）

项目	要求标准	评分	
		公羊	母羊
四肢	端正，刚健有力，结构匀称，蹄壳端正	10	10
睾丸乳房	睾丸左右对称且发育良好，附睾富于弹性；乳房基部宽广，形状方圆，附着紧凑，质地柔软，大小适中	20	20
合计		100	100

表 1-45　湖北多羔羊体型外貌等级评定

等级	特级	一级	二级	三级
公羊	95～100	85～94	80～84	75～79
母羊	95～100	85～94	80～84	75～79

（二）生长发育评定

湖北多羔羊生长发育评定分 4 个年龄段（3 月龄、6 月龄、12 月龄和成年）进行（表 1-46），将体重、体尺和屠宰率分别划分为 4 个等级（特级、一级、二级和三级）。

表 1-46　湖北多羔羊体重体尺等级评定

年龄	等级	公羊				母羊			
		体重（kg）	体高（cm）	体长（cm）	胸围（cm）	体重（kg）	体高（cm）	体长（cm）	胸围（cm）
3 月龄	特	29	64	71	68	26	58	66	61
	一	26	60	66	63	23	56	63	59
	二	23	57	62	59	20	53	59	56
	三	<23	<57	<62	<59	<20	<53	<59	<56

（续表）

年龄	等级	公羊 体重（kg）	公羊 体高（cm）	公羊 体长（cm）	公羊 胸围（cm）	母羊 体重（kg）	母羊 体高（cm）	母羊 体长（cm）	母羊 胸围（cm）
6月龄	特	44	70	79	75	37	64	74	68
	一	39	65	74	70	33	61	71	65
	二	35	61	70	66	29	57	67	61
	三	<35	<61	<70	<66	<29	<57	<67	<61
12月龄	特	58	78	87	103	47	69	79	93
	一	51	73	81	99	41	66	76	89
	二	45	69	76	94	36	62	72	84
	三	<45	<69	<76	<94	<36	<62	<72	<84
成年	特	75	84	92	107	50	69	79	95
	一	66	78	86	103	44	66	76	90
	二	59	74	81	97	39	62	72	85
	三	<59	<74	<81	<97	<39	<62	<72	<85

（三）繁殖性能评定

湖北多羔羊在培育过程中要十分重视其繁殖性能的选择。表1-47中列出了湖北多羔羊繁殖性能的等级评定标准。后备公母羊的繁殖性能由系谱确定，并参考同胞资料进行评定。

表1-47　湖北多羔羊产羔数等级评定

等级	特级	一级	二级	三级
年产胎数	2.0	1.8	1.5	1.2
经产羔数	4	3	2	1

（四）个体综合评定

以上三项指标（体尺、体重和产羔率）评定后，在结合后裔和系谱资料对湖北多羔羊进行个体综合评定，以确定其种用价值。对于种用价值高的个体，应给予较多的繁殖机会，从而提高育种群体整体的生产性能。凡不合本品种特征、特性要求的，则不予评定。凡具有明显凹背、弓背、凹腰、弓腰和狭胸等缺点的，按原综合评定等级上降一级。最后按表 1－48 综合评定等级。

表 1-48　湖北多羔羊个体综合评定等级

单项等级		总评等级		单项等级		总评等级	
特	特	特	特	一	一	一	一
特	特	一	特	一	一	二	一
特	特	二	一	一	一	三	二
特	特	三	二	一	二	二	二
特	一	一	一	一	二	三	二
特	一	二	一	一	三	三	三
特	一	三	二	二	二	二	二
特	二	二	二	二	二	三	二
特	二	三	二	二	三	三	三
特	三	三	三	三	三	三	三

第六节　肉羊选配

选配是人为确定肉羊个体间的交配体制，它是在选种基础上根据母羊等级或个体的综合特征，为其选择最适合的公羊进行交配，以期获得最优良的后代。通过选种了解每只羊的个体品质，通过选配可以进一步巩固选种的成果。通过选配能够使肉羊亲代的优良性状遗传给后代，使不稳定的性状固定下来，按需要把分散在各个体的优良性状组合起来，剔除不需要的性状。

一、选配类型

选配类型可以分为品质选配和亲缘选配，品质选配又分为同质选配和异质选配两种，在肉用种羊选配时，一般不做亲缘选配。

同质选配就是选择具有相同或相似优良性状的公、母羊进行配种，以达到巩固和提高共同优点的目的。如生长速度快的母羊用同样生长速度快的公羊进行配种，特、一级母羊一般都采用同质选配。同质选配在肉羊育种实践中主要应用于以下情况：①肉羊群体中一旦出现理想的类型，使其纯合固定并扩大数量；②使群体分化为各具特点且纯合的亚群；③与选择方法结合得到性能优越而又同质的群体。在使用同质选配时应注意：①在选配时应尽量根据基因型而非表现型进行同质选配；②同质选配能够同等程度地增加各种纯合子频率，因此，如果理想的纯合子类型只是一种或少数几种，就必须将选配与选择结合起来；③同质选配会使一个肉羊群体分化为几个亚群，亚群之间因为基因型不同而差异很大，而亚群内变异却很小，因此，亚群之间的选育提高相对容易，而亚群内的选育提高比较困难；④同质选配因减少了杂合子频率会使群体均值下降，因此，它适合于育种群而非繁殖群；⑤同质选配的使用必须在适当时机，达到目的后立即停止，此外，必须与异质选配相结合，灵活使用；⑥同质选配只能针对一个或少数几个性状进行，要使 2 个个体在许多性状上同质是非常困难的。

异质选配就是选择主要性状不同的公、母羊进行配种，为的是把不同的优良性状结合起来以得到双亲的优点，或是用公羊的优点克服与配母羊的不足。在使用异质选配时应注意：①异质选配的主要目的是产生杂合子，在选配中应尽量根据基因型而非表现型进行异质选配；②不可将异质选配与弥补选配混为一谈；③考虑多个性状选配时，肉羊单个性状时个体间的选配可能是异质选配，但在整体上可能因为综合选择指数相同而被视为同质选配；④适合于育种群而不适于繁殖群；⑤异质选配必须应用于适当场合和时机，达到目的后立即停止。此外，还必须与同质选配相结合，灵活使用。

亲缘选配就是根据交配双方之间亲缘关系进行的选配。有亲缘关系的个体间交配称为近交。双方不存在亲缘关系的交配称为远交，其中不同品系、品种间的交配为杂交，不同种、属间的交配为远缘杂交。在肉羊生产中，一般认为 7 代以内出现共同祖先的有亲缘关系，7 代以外的就认为无亲缘关系。近交的目的是希望后代保存和发展祖先的优良品质，使肉羊群的同质性达到最大，但近交过高也可能引起近交衰退，如出现后代生活力降低、羔羊体格变小、体质柔弱、生长和繁殖性能降低等，因此，在应用时要特别慎重。杂交的目的主要是增加杂合子的频率，利用其杂种优势可进行商品肉羊的生产。

二、选配方法

在肉羊育种中常用的选配方法有个体选配和等级选配两种，它是品质选配的具体应用。选配时，公羊个体品质和生产性能必须优于母羊，而且要充分发挥特级和一级种公羊的作用，使其后代尽可能多，以扩大群体中优良基因的比例，而二级和三级种公羊一般不作种用，此外，有共同缺点的公羊和母羊不能进行配种，如凹背的母羊不能和凹背的公羊交配。

个体选配是在肉羊个体鉴定的基础上进行的选配。采用这种选配方式的主要是特级和一级母羊。特级和一级母羊是肉羊群的核心，尽管其数量不多，但对品种的改良提高作用很大。这些特级和一级母羊已经达到了较高生产水平，继续提高比较困难，必须根据每一头母羊的特点深入细致地进行选配，因此，此种情况下，采用个体选配方法进行肉羊繁殖效果比较大。

等级选配是根据母羊的评定等级为其选配公羊，目的是巩固共同的优点和改进共同的缺点，一般适用于二、三、四级母羊群。由于这些等级的母羊数量比较大，采用个体选配的方法在实际工作中很难做到，采用等级选配的方法切实可行。

第七节　肉羊育种体系

肉羊育种体系是肉羊育种实施过程中所采取的组织形式，育种体系的育种效率和育成品种的质量决定着育种体系是否合理。育种目标的实现需要一个科学的育种生产体系，该体系能够最大限度地发挥出遗传改进作用。优良的育种体系可在较短时间内育成理想的品系或品种，而较差的育种体系即使在较长时间内也很难完成育种目标。

一、常规的育种体系

现有育种体系因目的不同而种类繁多，各有优、缺点。根据其最终目的可分为两类：①是以发挥纯种能力为目的的育种体系，以奶牛的良种繁育体系为代表，它主要通过本品种选育的方法来获得遗传改进；②是以发挥杂种优势为目的的育种体系，其中以家禽和猪的育种体系为代表，它主要通过品系繁育和杂交的方法来获得遗传改进。肉羊育种体系倾向于以发挥杂种优势为目的的育种体系，品种杂交（国外绵羊育种中有少部分为品系杂交）是国内外多数肉羊育种过程中常用的方法。在肉羊育种过程中，常利用本地品种羊作为母本，与引入的外来品种父本进行杂交，配合力的测定最多用不完全双列杂交，有的甚至更简单。

目前，我国肉羊生产的主体在农村，具有生产分散、规模小、设备简单和资金有限的特点。育种及其相关工作主要是由各省（区）、市县在承担。在我国，小尾寒羊、湖羊和蒙古羊等 27 个品种被农业部纳入国家级畜禽遗传资源保护名录，并建立了 17 个国家级羊资源保种场和 4 个国家级保护区。在肉羊育种过程中，主要以原种场、资源场、繁育场为核心，商品场为后盾，初步建立了满足不同生产规模和方式需求的肉羊良种繁育体系（原种场—繁殖场—商品场体系，图 1-33），保证了种羊的供应能力，至 2013 年年底，我国共有 1 465家种羊场，其中绵羊场 644 个，存栏种羊 212.4 万只，山羊场 812 个，存栏种羊 58.3 万只。

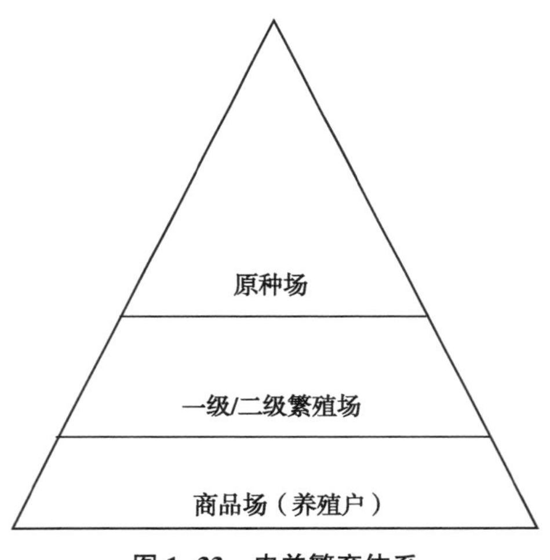

图 1-33　肉羊繁育体系

（一）原种场

原种场的主要任务是纯（系）种繁育，包括引入品种的纯繁和地方品种的选育复壮。比如江苏省海门种羊场，主要开展林肯羊（引入品种）的纯繁和海门山羊的选育复壮工作。在肉羊繁育体系（原种场—繁殖场—商品场）中，原种场处于金字塔的最高级，主要为下一级繁殖场提供种公羊。原种场的种羊要定期全面鉴定，一般采用品系繁育的方式进行纯繁，在繁育过程中要重点培育新的更高生产性能品系。原种场数量较少，一般以国营牧场或县以上的专业畜牧场作为原种场，一般设置于良种繁育基地范围以内，要求有坚强的领导、过硬的技术设备、可靠的饲料来源及放牧场地、科学的经营管理和强大的资金后盾。

（二）繁殖场

繁殖场的主要任务是大量扩繁种羊，以满足商品场和广大农村对种羊的需求。有条件的繁殖场应分为一级繁殖场和二级繁殖场。一级繁殖场（又称种羊场）主要进行纯繁，以提供纯种羊，二级繁殖场多采用品系间杂交方式向商品场提供系间杂种羊。如果采用三元杂交方式，则二级繁殖场所饲养的纯种母羊可与另一品种公羊杂交以生产杂交一代母羊，提供给商品场或广大农村作为三元杂交的终端母本。通常以国营农牧场中的专业畜牧场或较好的区级畜牧场作为一级或二级繁殖场，每一个繁殖场一般只饲养一个品种（系），并经常进行血缘更新以避免近交。母羊可以在场内自行更新一部分，但大多数从原种场或上一级繁殖场获得，公羊全部从原种场选调，一般不用本场繁殖的后代来更新。

（三）商品场

商品场的主要任务在于大量低成本地生产优质杂交羊，一般都会采用杂交技术以充分利用其杂种优势。实际生产中，商品场内无需同时保持多个品种，三元杂交时所需杂交一代母羊可从繁殖场获得，或利用配种站的另一品种公羊交配或进行人工授精所产生。如果商品场的规模较大，需从原种场获得公羊。商品场（又称生产场）一般有两种形式：①是自己不养种羊，只养杂交羊；②是自繁自养杂交羊。农户是最小单位的家庭羊场，虽然每户饲养规模有限，但是总体规模比较大，占肉羊繁育体系的大部分。

原种场—繁殖场—商品场肉羊育种体系是相互联系和不可分割的。各级羊场的任务虽然不同，但目标最终是一致的，原种场和繁殖场都是为提高商品羊场的生产效率而努力的，而商品羊场中杂交羊的性能，是反映原种场和繁殖场种羊优劣的良好依据之一，也是评定其选育效果的标准。

（四）建立良种繁育基地

在肉羊生产实践中，经常可以看到品种都有其特定的产区，比如湖羊的原产地是江苏、浙江、上海和太湖流域的广大地区，而这个特定的产区往往就是种羊业比重大的地区。适宜建立良种繁育基地的地区一般需具备以下条件：①有肉羊养殖的传统，群众有较丰富的饲养管理和选育经验；②母羊群中适龄母羊比例较高，也有足够数量的种公羊；③有稳定的饲料来源和饲草资源。

我国现在的肉羊繁育体系主要以杂交为主。基因的流向经常是单向的，而非完整的“金字塔”形，即“公羊由上而下，母羊由下而上”合理的流动趋势。合理的繁育体系应该将核心群的公羊一部分留在核心群，另一部分用于核心以外的杂交改良，同时，可从核心群外选一部分优秀母羊补充进入核心群。这种有序的基因流动不仅能持续提高核心群以外羊群的生产性能，而且可以不断吸取核心群外的优良基因进入核心群。近些年，我们从国外引进了大量优秀的种羊、冷冻胚胎和冷冻精液，为我国肉羊育种提供了宝贵的材料，在我国肉羊育种过程中，完善“金字塔”肉羊繁育体系是首要任务，它对我国肉羊业的可持续发展起着决定性的作用。

二、超数排卵和胚胎移植育种体系（MOET）

在人工授精育种体系下，通过广泛开展公羊后裔测定工作，可以筛选出优秀的种公羊以充分发挥它的优良作用，以促进羊群遗传品质的改善。但是它最大的困难和障碍是在全国或地区范围内缺乏对生产性能有效评定和监测的组织，不能准确及时地取得生产性能数据，从而降低了公羊后裔测定的可靠性。因此，我们必须寻找新的育种体系，加速羊群遗传品质的改善。

在肉羊育种中，遗传进展受到限制的一个原因是母羊每年产生的后代较少。但是随着20世纪70年代超数排卵和胚胎移植技术的成熟和发展，可以消除这一限制。具体操作为首先对供体母羊进行超排处理，使其排出较多的卵子，然后进行配种，接着从子宫（或输卵管）内冲出受精卵（或胚胎），直接或经冷冻后移植到受体母羊子宫（或输卵管）内，平均每次可得到6枚可用胚胎，移植成功率可达70%。青年母羊卵巢上有2万左右的卵母细胞，应用此技术可以充分挖掘出优秀母羊的繁殖潜力，加速肉羊遗传改进的步伐。在肉羊育种中，胚胎移植技术的应用主要有两个途径：①胚胎移植与传统的后裔测定相结合；②胚胎移植在优良的核心羊群中开展，并根据其家系资料对其进行早期选择。

（一）胚胎移植应用于后裔测定方案以增加遗传进展

在传统后裔测定方案中，被测定的青年公羊，只有性能最好的才能留作下一代公羊的父亲，并且它们是群体中遗传品质最优的少数母羊的后代，大约每6头母羊才能产生一头用于后裔测定的青年公羊。胚胎移植对传统后裔测定有以下三点改进：①对产生公羊母羊增加了选择强度；②对产生母羊的母羊增加了选择强度；③对评定的公羊和母羊提供了更多资料。

对产生公羊的母羊应用胚胎移植技术，每头母羊可获得较多用于后裔测定的后代公羊，而饲养的母羊数量就可相应减少，从而增加选择强度，提高选择反应。如果对产生公羊的母亲的选择能达到总遗传反应的25%，则胚胎移植可增加的选择强度和繁殖率为2%～10%。

对产生母羊的母羊应用胚胎移植技术。在人工授精育种体系中，通常需要使用大量的母羊产生后备母羊。如果对产生母羊的母亲（如本地品种）应用胚胎移植技术，遗传进展不会很大。但是对于特别优秀或进口的母羊被用于纯繁时，应用该技术在经济上特别划算。

胚胎移植在肉羊评定中的应用。胚胎移植技术能够提高公羊和母羊遗传评定的精确性，大大加快肉羊育种的进程。①母羊遗传评定。应用胚胎移植技术可使供体母羊产生许多女儿，通过这些女儿的生产性能可以对供体母羊进行遗传评定（即后裔测定），同时由于女儿数量的增多，提高了后裔测定的精确性。胚胎移植还可以增加全同胞和半同胞的生产记录。如一头公羊配4头供体羊，每头供体羊产生4头女儿，则每头女儿可有3只全同胞和12只半同胞的资料用于供体母羊的遗传评定。提高了选择指数的准确性，通过供体母羊本身的一个记录及其供体羊全同胞和半同胞的记录，可与应用母羊本身3个胎次记录的精确性相当，这无疑缩短了世代间隔，而没有影响对母羊遗传评定的准确性。②公羊遗传评定。公羊遗传评定可用全同胞和半同胞资料进行，这比后裔测定所需要的时间短。假设全部母羊有一个胎次繁殖记录，而公羊及母羊的母亲有两个胎次繁殖记录，产羔数的遗传力为0.25，那么所采用的全同胞及半同胞数量不同对预测产羔数育种值的准确性有一定影响（表1-49）。

表1-49　全同胞及半同胞数量对预测产羔数育种值准确性

	全同胞	准确性（%）				
		半同胞家系大小				
		0	1	2	3	4
公羊选择	0	29	35	39	41	43
	1	36	40	43	45	46
	2	40	44	46	47	48
	3	44	47	48	49	50
	4	47	49	50	51	52

（续表）

	全同胞	准确性（%）				
		半同胞家系大小				
		0	1	2	3	4
母羊选择	0	55	57	58	59	60
	1	57	59	60	61	61
	2	59	60	61	62	62
	3	60	62	62	63	63

（二）超数排卵和胚胎移植育种体系方案

应用成熟的超排和胚胎移植技术体系（MOET）方案给肉羊育种开辟了一条新途径，加快了肉羊育种的进展。在英国、加拿大和澳大利亚等的绵羊育种中，已经应用 MOET 方案建立了 MOET 核心群。应用此育种体系的优点为：①可以用半同胞、全同胞后代的生产成绩和姐妹的生产成绩来选择公羊（亲属测定），打破了传统后裔测定的制度；②可以缩短育成优良公羊的年限；③全部的育种方案可在一个育种场内完成，大大减少了环境误差，提高了精确性；④节约了大量后裔测定所需的人力、物力和财力；⑤在 MOET 育种体系中应用遗传标记的选择方法，对公羊的早期选择、缩短育种年限、培养核心母羊、优良种公羊和加快遗传进展等具有重大意义。

在核心母羊群中，应用 MOET 技术后，根据供体羊的数量和每一供体的后代数，与一般传统后裔测定相比，不论是青年型还是成年型，遗传进展分别提高 71%和 14%。传统后裔测定主要依据女儿的生产性能对公羊进行选择，而 MOET 育种体系是根据公羊姐妹的生产性能来评定，世代间隔可以缩短约一半。

MOET 育种方案有两种形式：①确认的供体母羊集中在一个羊群中，为核心 MOET 育种方案；②供体母羊分散在胚胎收集和移植中心周围的原羊群中，为非核心 MOET 育种方案，这两种育种方案的实施方案见表 1-50。

表 1-50　青年型和成年型 MOET 育种方案的实施步骤

月龄	青年型	成年型
1	初生	初生
6	系谱选择并进行 MOET	
8		配种
11	MOET 后代初生	
13		产羔
24	测定生长和繁殖性能，选择 MOET 的后代进行 MOET	
26		测定生长和繁殖性能并进行 MOET
29	MOET 后代初生	
31		MOET 后代初生
世代间隔	11 个月	31 个月

不论是核心 MOET 方案还是非核心 MOET 方案，都必须选择应用于 MOET 的优秀供体羊，以便应用胚胎移植技术产生下一代。对双亲的选择一般有两种方案：①青年型选择方案（Juvenile MOET Scheme），公、母羊均在 6 月龄进行选择，母羊由于本身尚无繁殖成绩，需要根据母亲及其他亲属相关资料所预测的育种值来进行排队。②成年型方案（Adult MOET Scheme），选择工作将延续至母羊本身繁殖成绩出来，即拟作供体的母羊用其本身繁殖成绩、全同胞记录、同一组内的半同胞记录和其母亲的记录来进行选择，而拟作供体的公羊则需全同胞、半同胞和其母亲的记录来进行选择，世代间隔约为 31 个月。

成年型核心群 MOET 方案的目的就是要建立具有优良繁殖和生长性能的母羊核心群，生产最优秀的公羊和母羊个体，并从中挑选出最优秀的种公羊，这一过程比其他方案更快，下面是肉羊成年型核心群 MOET 育种方案实施示意图（图 1-34）。该育种方案主要强调了育成品种的繁殖和生长性能。执行该育种方案后，可得到表 1-51 中所示结果。假定每年移植 1 024 枚胚胎，受胎率为 0.7，成活率为 0.7（实际上可能达不到），则在选择时每头供体羊有 8 头后代，每头公羊配 16 头供体羊。

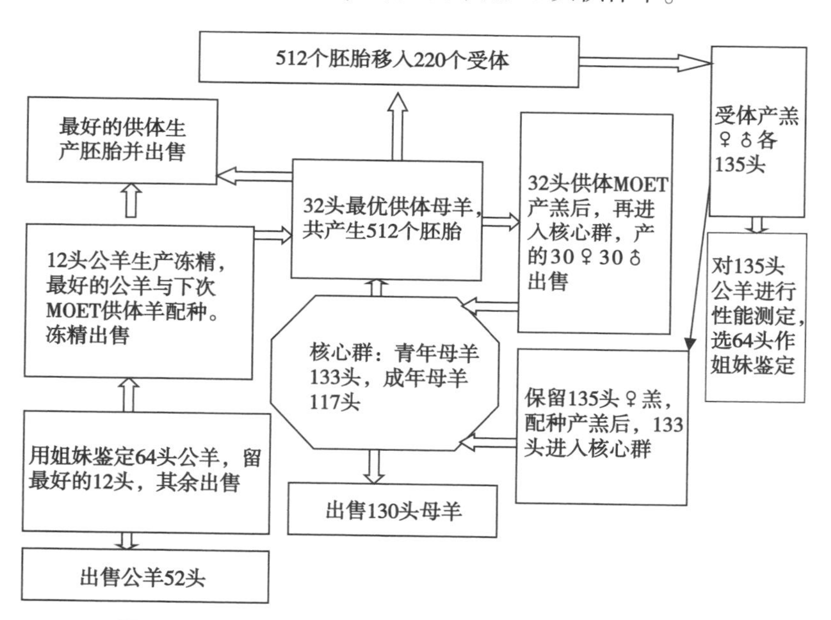

图 1-34　肉羊成年型核心群 MOET 育种方案实施示意图

表 1-51　选择生长和繁殖性能的成年型 MOET 方案的结果

	每 3 个月	全年
移植（枚）	256	1 024
初生羔羊（头）	179	716
生产冻精的公羊（头）	16	64

（续表）

	每3个月	全年
产过一胎的母羊（头）	64	256
被选的供体羊（头）	16	64
选择母羊		
产2胎的（头）	32	128
产3胎的（头）	32	128
产4胎的（头）	32	128
已生产精液的公羊（头）	3	4

（三）MOET育种方案的不足和近亲程度的估计

MOET育种方案的不足主要是能引起近亲交配。青年型MOET比成年型MOET更易发生近亲交配，近亲交配可引起近交衰退、体质变弱和疾病的发生。在MOET育种方案中，特别出现近亲现象的原因有两个：①核心群的羊群小；②从较少的家系中选择后备羊，在MOET育种方案中，评定的重点是根据有亲缘关系个体（该个体非常优秀）预测的育种值来选择，结果在一个全同胞家系中的全部成员，都有可能被评为具备高育种值的个体，然而它们的亲缘关系是极为密切的。比如在一个全同胞家系中，某一个成员被选中，该成员的同胞和半同胞被选中的机会也较大，这就是导致近亲现象和近交衰退的原因。

在上述成年型核心群MOET育种方案中，估计出的每个世代内近交系数为2%。因此，在建立核心群时，应尽量使其遗传基础广泛一些，后备公羊最好来自不同的家系。可用下面的公式估计每年的近交系数，$\Delta F=(1/S+1/D^*)/8L^2$，其中，$L$=世代间隔=$(L_m+L_f)/2$，$S$=每年公羊数（$D/x$），$D$=每年供体羊数=$ST/Y$，$Y$=选择时每个供体的后代数，$ST$=每年后代数，$X$=每头公羊所配供体母羊数，$D^*$=有效供体羊数（被选中的供体母羊）：青年型MOET方案中$D^*=2D/Y$，成年型MOET方案中

$D^* = D$。

三、集中育种体系

集中育种体系包括三部分：①核心羊群，主要任务是培育种公羊，并应用于整个育种系统中；②测定羊群，待验证公羊的女儿均在这个群体内测定，全部记录工作也都在该羊群中进行；③供应羊群，每年输送后裔测定女儿到测定羊群内，具体为，经测定后，将最优秀的母羊选送到核心羊群内，其他的送到供应羊群内。这个方案实施的关键是供应羊群、测定羊群都必须围绕着核心羊群开展育种工作。

四、开放核心育种体系

当人工授精不是很普遍或者生产记录不完整时，为了更快更有效地提高肉羊育种群的生产性能，采用开放核心育种体系是一种比较科学的方法。开放育种体系与集中育种体系相同，要求所

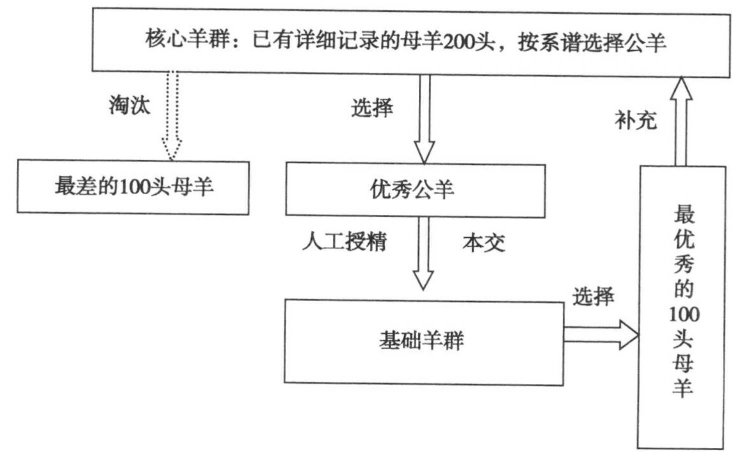

图 1-35　开放核心育种方案

有参加育种的羊群必须紧密合作，育种计划始终围绕核心羊群进行。每年要从合作的基础羊群中挑选出部分优良母羊补充到核心羊群中，以替换核心群中生产性能较低的母羊，具体过程如图1-35所示。

第八节　育种羊群的培育和管理

育种羊群的培育和管理是指在一定的育种体系下，对组成育种群的肉羊实行的培育措施和管理技术，它直接关系着育种效率的高低及成败。只有在良好的培育环境和管理条件下，肉羊的生产性能才能充分发挥出来，在此基础上进行的选择才能准确，最终早日实现育种目标。如果肉羊培育措施不当，管理技术不妥，就会导致在遗传上真正优秀的个体可能表现异常，达不到育种要求而被淘汰，从而影响整个肉羊的育种进程。因此，各种羊群的培育和管理是育种体系的一个重要的组成部分。育种羊群培育和管理总的原则是育种羊群的培育条件要尽可能地与拟推广地区条件一致，对育种羊群实行优饲的方法不利于羊群的遗传进展和下一步的推广利用。只要能满足肉羊的生长发育，基本上就能适合育种需要。育种羊群一般由种公羊、繁殖母羊、育成羊和羔羊组成。

一、种公羊培育和管理

种公羊对提高整个羊群的生产力和改良地方羊种起着重要的作用。种公羊培育的要求是：①保持中上等膘情，性欲旺盛和精液品质良好；②要单独饲养和放牧，以免与母羊发生偷配；③育成种公羊不要过早配种，否则会影响它的生长发育和造成不良的性习惯，不利于后续的采精和调教。

种公羊的饲料，要求营养全价，易于消化，适口性好，富含蛋白质、维生素和无机盐等。比较理想的饲料为苜蓿草、三叶草、山芋藤、胡萝卜、南瓜、花生秸、玉米、麸皮、豆粕、麦芽等。在配种或采精频率高时，要酌情增加蛋白的供应。

种公羊的管理，开始配种或采精时要单圈饲养和单独组群放牧，保持足量运动和适量补饲，每天放牧和运动的时间为4~6h。配种季节公羊采精频率为1~2次/d，3~4d休息1次。采精频率较高时，每天要补饲2个鸡蛋，并按体重的1%补饲混合精料（表1-52）。种公羊要随时观察精神状态，定期进行检疫、预防接种和防治寄生虫。

表1-52　混合精料配方

种类	比例（%）	粗蛋白（%）	代谢能	Ca（%）	P（%）
玉米	60	5.166	1.812	0.024	0.126
豆粕	25	11.8	0.758	0.08	0.23
麸皮	10	1.48	0.221	~	0.064
甘薯	3	0.12	0.087	0.02	0.008
食盐	0.8	—	—	—	—
碳酸钙	1	—	—	—	—
多维素	适量	—	—	—	—
微量元素	0.2	—	—	—	—
合计	100	18.566	2.888	0.542	0.428

二、繁殖母羊培育和管理

（一）配种前饲养管理

配种前要充分做好母羊的抓膘复壮工作，为接下来的配种妊娠贮备充足营养。配合日粮要满足正常的新陈代谢，对断奶后较瘦弱的母羊要适当增加营养，以达到抓膘复壮的目的。种羊场母羊一般以舍饲为主，山芋藤、花生秸等粗饲料可以让其自由采食。每天放牧 4h 左右，并补饲混合精料 0.4kg/头左右。

（二）妊娠期饲养管理

妊娠期除满足母羊自身营养需求外，还必须为胎儿的生长发育提供必需的养分。在妊娠前期（妊娠前 3 个月），胎儿的累积生长较小，营养需求与空怀期基本相同，但必须保证优质蛋白质、矿物质和维生素的供给，在放牧条件差的地区，还要补饲混合精料和优质干草。在妊娠后期（妊娠后 2 个月），胎儿长势迅猛，母体增重也非常快，胎儿 80%的体重和母羊增重的 60%在这一时期内完成。然而，随着胎儿的生长发育，母羊腹腔容积逐渐减小，采食量逐渐降低，饲草容积过大或水分含量过高，均无法满足母羊对干物质的要求。因此，母羊妊娠后 2 个月应提供充足、全价和高浓度的营养，营养浓度（营养水平）应提高 15%~20%，钙、磷含量增加 40%~50%，并提供充足的维生素 A 和维生素 D，补饲混合精料 0.6~0.8kg/（d·头）。产前 10d 左右还应多喂一些多汁饲料。不能饲喂霉变和冰冻饲料，以防流产。应加强妊娠母羊的管理，日常活动要以“慢、稳”为主，要防止拥挤、跳沟、惊群和滑倒等现象。

（三）哺乳期饲养管理

母羊产后哺乳期为 2~3 个月，分娩后泌乳期的长短和泌乳量的高低对羔羊生长发育和健康有着重要影响，此阶段应保证母羊全价饲养。在哺乳期，母乳是羔羊重要的营养来源，尤其是初生后 15~20d。波尔山羊羔羊哺乳期内日增重一般可达 200~250g，羔羊每增重 100g 需母乳约 500g，产生 500g 乳需要 0.3kg 风干饲料（33g 蛋白质，1.8g 钙和 1.2g 磷）。补饲精料时，钙、磷的含量和比例对母羊产奶量都有明显影响，合理的钙、磷比例为（1.5~1.7）：1。此外，维生素 A 和维生素 D 对母羊产奶量也有明显的影响，当母乳中维生素 D 缺乏时，羔羊对钙、磷的吸收和利用能力也会下降，不利于羔羊的生长和发育，因此，必须给羊提供较充足的青绿多汁饲料以满足维生素的需要。在产后1~3d内，母羊不能饲喂过多精料，不能喂给冷料和冰水。在哺乳期要保证青干草自由采食外，每天还要补饲多汁饲料1~2kg，混合精料0.6~1kg。哺乳后期，随着羔羊饲料采食量的增加，可逐渐减少母羊的补饲，尤其是减少断奶前多汁饲料和精料的饲喂量，以防止乳房炎的发生。母羊舍要经常打扫和消毒，以防羔羊吞食粪便和毛团等污物后生病。

三、羔羊培育和管理

羔羊的培育和管理非常重要，它关系着今后的生长和繁殖性能。加强羔羊的培育和管理，对提高羔羊成活率和整个羊群的品质有着重要作用。

（一）初乳期羔羊饲养管理（1~3d）

初乳期羔羊饲养管理指的是初生后1~3日龄内羔羊的饲养和管理。羔羊初生后2~5日龄内发病死亡率最多，可占全部死亡的85%，这主要与此阶段羔羊的生理特点有关：①体温调节能力弱，易受外界环境的影响；②体内缺乏免疫抗体；③乳汁直接进入真胃内消化，尚未发挥前3个胃的消化作用。此外，肠道中各种消化酶不健全导致肠道适应能力差。因此，肉羊育种中要高度重视初乳期羔羊的饲养管理。

羔羊初生后，应让其尽量早吃好和吃饱初乳。母羊分娩1~5d内的乳是初乳，初乳中含有丰富的免疫球蛋白、营养蛋白（17%~23%）和脂肪（9%~16%）等免疫和营养物质，能够增强体质、抵抗疾病和有利于胎粪的排出。对于无哺乳经验的母羊、弱羔或3个以上的多羔，要人工辅助母羊喂好开口奶，并做好多羔寄送的准备。此外，还可人工收集初乳并低温保存，定时饲喂弱的、无母羔羊或者生病的羔羊，应用这种方法可显著地提高羔羊成活率。做好初乳喂养的同时，还要搞好圈舍的清洁，并严格执行消毒隔离制度，做好肺炎、肠胃炎、脐带炎和羔羊痢疾“三炎一病”的防治工作，冬季温度较低时，可以通过垫草、加保温灯等办法防治羔羊冻死。

（二）哺乳期羔羊饲养管理（4~60d）

哺乳期羔羊饲养管理指的是从初生后第6~60日龄内羔羊的饲养管理。此阶段的关键是对羔羊的补饲。从初生到45日龄，是羔羊体重增长最快的时期，母羊的泌乳量到羔羊生长后期已不能完全满足其生长发育需要。因此，要尽早训练羔羊开食吃草料，以促进前胃发育，增加营养供给。一般从10日龄开始对羔羊补给草料，要设置专门补饲栏，料槽内可加入适量开口精料，空中吊有成捆幼嫩青干草捆，让羔羊自由采食。20日龄开始集中训练精料的采食。在饲槽里放上用开水烫后的半湿料，注意烫料的温度不可过高，应与奶温相同，以免羔羊烫伤，诱导羔羊去舔食，反复数次后羔羊就学会了采食精料。15日龄每天补饲混合精料50~75g，1~2月龄100g，2~3月龄200g，3~4月龄250g，混合精料可以直接购买商品饲料，也可按表1-53自行配制。

表1-53　羔羊配合饲料配方（%）

配方	玉米	豆饼	大麦	苜蓿粉	蜜糖	食盐	碳酸钙	无机盐
A	50	30	12	1	2	0.5	0.9	0.3
B	55	32	~	3	5	1	0.7	0.3
C	48	30	10	1.6	3	0.5	0.8	0.3

（三）奶—草过渡期饲养管理（2月龄至断奶）

奶—草过渡期羔羊的饲养管理指的是从2月龄至断奶这段时期。2月龄后的羔羊逐渐以采食饲料为主，母乳为辅。这段时期要求提供多样化的饲料，并根据个体发育情况随时进行调整，日粮中可消化蛋白和可消化总养分以16%~20%和74%为宜。此外，还要安排好羔羊吃奶和运动的时间，如果是放牧的，一般母仔分群放牧，让羔羊能在早、晚各吃1次奶。如果是全舍饲的，可以定时打开补饲栏的门放羔羊到母羊舍吃奶。母羊和羔羊分开饲养有利于母羊增重、抓膘和羔羊寄生虫病的预防。断奶的羔羊在转群或出售前要全部进行驱虫。

四、育成羊培育和管理

从断乳到配种前的羊叫育成羊（或青年羊）。从初生到1.5岁是肉羊肌肉、骨骼和各器官组织迅速发育的时期，需要沉积大量的蛋白质和矿物质，特别是从初生至8月龄，是羊出生后生长发育最快的阶段，对营养的需要量比较高，如果这段时期营养水平跟不上，就会影响肉羊的生长发育和繁殖能力。因此，加强育成羊的饲养管理，可以增大体格，促进器官的发育，对将来肉用和繁殖性能的提高具有重要作用。

育成羊饲养管理的重点是保证丰富全价的营养和充足的运动。半放牧半舍饲是育成羊培育最理想的饲养方式。断奶后至8月龄，每日在吃足优质青干草的基础上，补饲含可消化粗蛋白15%的精料250~300g，如果草质特别优良，可适当减少精料补饲量，由于青年公羊生长速度比母羊快，可以给予较多的精料。要保证育成羊充足的运动时间，运动对青年公羊更为重要，不仅有利于生长发育，还可防止形成草腹和恶癖。育成羊应按月固定抽测体重以检查全群生长发育的情况，称重应在早晨未饲喂或出牧前进行。

第二章 繁殖规律和繁殖管理技术

肉羊的繁殖规律和繁殖管理技术对于实际生产和提高经济效益有着至关重要的作用，繁殖规律主要包括性成熟与发情规律、繁殖年龄、配种方法、分娩与接产等。

第一节 性成熟与发情规律

性成熟是指肉羊生长到一定的年龄，生殖器官具有成年羊的典型形态特征和繁殖能力，这个时期叫做性成熟时期。性成熟时期，公、母羊都开始表现正常的性行为。但是性成熟并不意味着可以进行配种，因为这个时期进行配种的话，一方面会严重阻碍母羊本身的生长发育，另一方面因母羊自身繁殖能力较低，会严重影响后代的体质和生产性能。一般在12~18月龄能达到体成熟，这时就可进行配种，或者是当母羊体重达到成年体重的70%~80%时就可进行第1次配种。

对于母羊来说，性成熟后，卵巢出现周期性排卵现象。每次发生排卵现象时，生殖器官会相应地发生一系列周期性的变化，而且排卵现象会周而复始地循环发生，直到母羊的性器官衰退为止。通常把母羊有求偶行为叫发情，把两次发情之间的间隔时间称为发情周期。根据其生理上的变化，母羊发情周期可以分为发情前期、发情期、发情后期和间情期4个时期：

（1）发情前期：卵巢内黄体萎缩，新卵泡开始生长发育。

整个生殖器官的腺体活动开始加强，上皮细胞增生。此时母羊没有性欲表现，不接受公羊爬跨。

（2）发情期：母羊出现强烈的性兴奋。卵巢内卵泡发育加快。先经过1~3个卵泡波，即募集、选择最后确定的一个或几个优势卵泡，发育成熟并排卵。此时子宫蠕动加强，阴道充血潮红，腺体分泌加强，子宫颈口张开，阴道排出黏液，阴唇肿胀。母羊表现精神兴奋，情绪不安，不断地咩叫、爬墙、顶门，或站立圈口不停地摆动尾巴，手压臀部摆尾更明显，食欲减退或不思饮食，放牧时离群，喜接近公羊，接受爬跨，也爬跨别的母羊。农谚归纳为四句话："食欲不振精神欢，公羊爬跨不动弹，咩叫摆尾外阴红，分泌黏液稀变黏。"

（3）发情后期：这时排卵后卵泡内黄体开始形成。在发情期间生殖道发生的一系列变化逐渐消失而恢复原状，性欲显著减退。

（4）间情期：是发情过后到下次发情到来之前的一段时间。在此阶段是黄体活动阶段。通过黄体分泌孕酮的作用，保持生殖器官的生理上处于相对稳定的状态。

肉羊分娩后，若在繁殖季节内，仍能发情。产后发情的时间，肉用绵羊一般为30~59d，平均约35d；山羊平均20~40d；奶山羊为10~14d。有的品种还有热配的特点，如小尾寒羊在产后2~5d内就可配种。

第二节 繁殖年龄

山羊和绵羊品种和饲养方式都会影响繁殖利用年限。山羊繁殖年限可用到8~9岁，舍饲山羊甚至可达10~12岁。一般绵羊的繁殖利用年限比山羊的略短。繁殖最合适的年龄是2~4岁。这个年龄阶段，产羔数多，哺乳能力最好，羔羊成活率高，断奶重大，母仔疾病少，管理方便。母羊超过 7~8 岁繁殖使用价值就不大了。

研究和实践证明，在生产中，5 岁以前的种公羊配种效果最好，个别优秀种公羊的利用年限可以适当增加。如果是育种场，为了加快育种进展，种公羊使用年限就不要太长。

第三节　配种方法

肉羊常用的配种方法有 3 种，分别为自然交配、人工辅助交配和人工授精。

一、自然交配

生产中自然交配是指平时公、母羊分开饲养，不混群，只在配种季节内放入公羊。在配种季节按每 100 头母羊放入 3~4 头公羊的比例编群，进行自然交配。

自然交配不正确的方法是平时公、母羊混群放牧。缺点很多，无法控制产羔时间和避免近亲交配，管理不便，容易发生小母羊早配现象；无法了解配种的确切时间；谱系不清，无法了解与配公羊的后代品质；需公羊的头数多，经常发生争斗，不仅公羊的体力消耗较大，同时也影响母羊的采食、休息和抓膘。

二、人工辅助交配

人工辅助交配指全年都把公、母羊分群饲养或放牧，在配种期内，用试情公羊找出发情母羊，再与选出的公羊交配。饲养在农区的肉羊，多采用这种配种方式。在农区，平时公、母羊分开饲养，公羊通常养在种羊圈，当母羊发情即用指定的公羊配种。这种方式的优点是交配由人工控制，知道配种日期与种公羊羊号，并进行必要的记录工作。可以进行选种选配，可以预测产羔日期，可以减少种公羊的体力消耗、提高种公羊的利用率。每头公羊可负担 70～80 头母羊的配种任务。因此，在母羊群不大，种公羊数量较多的羊场，可以采用人工辅助交配的方法进行配种。

三、人工授精

在育种场，人工授精是首选的配种方法。它的优点是可以充分应用优秀的种公羊，加快遗传进展。在生产上也是最好的配种方法，特别是在杂交肉羊生产中，从异地引入的种公羊数量较少，不能满足杂交改良需要。总之，应用人工授精技术则可以克服时空上的限制。对于人工授精的操作，我们将在后面章节中给予详细的介绍。

第四节　妊娠和妊娠期管理

肉羊的妊娠是指母羊发情排卵，然后与精子结合的过程，形成受精卵，并在母羊体内发育生长，最终母羊产出羔羊的过程。妊娠期的管理包括妊娠母羊的饲养管理和妊娠检查。

一、排卵和受精

母羊发情时卵泡已经发育成熟，卵泡内的卵子发育成熟后，卵泡开始破裂，卵子便被输卵管伞接纳进入输卵管。卵泡破裂使卵子由卵巢排出的过程叫作排卵。肉羊排卵是自发的，并且排卵的数目因品种而异，有些品种排卵数少，而一些多胎品种排卵数多，一胎可产羔 2～3 只。

进入输卵管的卵子，依靠输卵管的蠕动、收缩、上皮纤毛细胞的摆动及输卵管黏膜的分泌作用，到达输卵管的上 1/3 处与精子会合受精。

受精过程开始时，大量精子包围着卵细胞或其膜外的放射冠。在精子分泌的蛋白水解酶作用下，使放射冠开始溶解，接着一部分精子钻入卵子的透明带与卵周隙，最后仅有一个精子进入卵膜内，与卵子的细胞核结合。这个复杂的生理过程叫作受精，已受精的卵子称为受精卵。

二、妊娠母羊的饲养管理

妊娠母羊的饲养管理不好，就有可能造成流产等不良后果。妊娠母羊不仅需要具备其他羊的一般饲养管理条件，以及对妊娠前母羊进行疫苗注射、驱虫，做好妊娠母羊圈舍的定期消毒、防寒防暑等，还有以下三点尤其重要：①分群放牧；②保证营养需要；③羔羊要提早断奶。

三、妊娠检查

受精卵由输卵管进入子宫，附植于子宫黏膜上发育成胎儿。母羊由开始妊娠至分娩的这个期间称为妊娠期或怀孕期。肉羊的妊娠期是 150d（147~153d）。妊娠期随品种、胎次和产羔数等的不同而略有差异。在配种后及时掌握母羊是否妊娠对生产具有十分重要的意义，一般可以采用临床和实验室的方法进行妊娠诊断检查。

通过妊娠诊断可确定母羊是否妊娠，以便对妊娠母羊和其他母羊区别对待。对于已经妊娠的母羊，加强饲养管理，维持母羊的健康，以防止胚胎早期死亡和流产。对于未妊娠但又不返情，经过了较长的时间才发现未孕，延长了空怀的时间，就会影响育种进度和生产经济效益。所以当发现未妊娠，则需要密切注意其下次发情的时间，抓好下次配种工作，并及时查找未孕的原因，为下次配种时作必要的改进或对生殖道等方面的疾病进行治疗。目前羊的妊娠诊断主要有以下几种：

（一）外部观察法

母羊在妊娠后，会出现一系列的表现，周期发情停止，食欲增加，毛色光亮，性情也变得温顺，行为也变得谨慎安稳，在妊娠3~4个月后，在形态上可以看出腹围增大明显，而且右侧较左侧更为突出，乳房也会胀大。这种方法的优点是方便、简单，但最大的缺点是不能早期诊断，仅仅没有出现其中一个现象也不能确定为未孕。

（二）直肠—腹壁触诊

母羊在进行触诊时，应保证在喂料12h前进行。触诊时，对母羊进行仰卧保定，通过肥皂水灌肠，使母羊排出直肠的宿粪，然后一只手将涂有润滑剂的触诊棒（直径1.5cm，长度为50cm，前端弹头形，光滑的木棒或塑料棒）插入肛门，贴近脊柱并向直肠内插入30cm左右，然后使进入直肠的一端稍微挑起，以托起胚胎。同时另一手在腹壁触摸，如能触摸到块状实体物，则可认定为妊娠，如果触到触诊棒，应再使棒回到脊柱处，反复挑动触摸，如仍然摸到触诊棒即为未孕。以此法检查怀孕60d的母羊，准确率可达95%，85d以后的为100%。但要注意防止直肠损伤。配种后115d的母羊应慎用。

对于115d以上的母羊可直接腹壁触诊。方法是两腿夹住母羊的颈部或前躯，用双手紧箍下腹壁，待母羊稳定后，以左手在右侧腹壁前后滑动，触摸是否有硬块进行诊断。

（三）超声波诊断法

超声波诊断方法是将超声波的物理特性和动物体的组织结构特点结合起来的一种物理学检验法。它的原理是超声波遇到正在运动的物体时，以略做改变的频率返回到探头。超声波法主要用于探测羊的胎动，胎儿的心搏及子宫动脉的血流，也可以根据超声波的波形进行诊断；由于身体各种脏器组织的声抗阻不同，超声波在脏器组织中传播时产生不同的反射规律，在示波屏上显示一定的波形。未孕时，超声波先通过子宫壁进入子宫，然后再通过子宫壁退出子宫，从而显示一定的波形；妊娠时，子宫内有胎儿存在时超声波则通过子宫壁（包括胎膜）、胎水、胎儿，再经过胎水、子宫壁（包括胎膜）出子宫，因此产生了与未孕时不同的波形。据此可以把两种情况不同的波形作为妊娠诊断的依据。

目前使用的超声波诊断仪主要有 3 种，即 A、B、D 型超声诊断仪，但较为常用的诊断仪为 B 型。原因是 A 型和 D 型都是通过发射一束超声波进行诊断，探查的范围较窄，呈线状。B 型超声波是同时发射多束超声波，在一个面上进行扫描，显示的是被查部位的一个切面断层图像。诊断结果远较 A 型和 D 型清晰准确，重复性很好。A 型超声波仪能探查子宫中的液体，反应迅速，具有早期诊断的特性。D 型超声波仪用来探查子宫动脉血流（简称宫血音），胎儿发育和脐带动脉的血流音（简称胎儿音），从而诊断妊娠。由于妊娠初期宫血音无特异性，胎儿的各种活动虽有明显的特异性，但出现得都比较晚。因此，临床上常将两者配合使用，先用 A 型仪确定子宫位置，然后再用 D 型仪在其中找胎心音或胎血音，这样既快又准。

（四）孕酮含量测定法

这种方法是通过测定母羊血浆中孕酮的含量来确认是否妊娠。在配种后 20~25d，绵羊以血浆中孕酮含量大于 1.5ng/ml 为判断依据，检测不孕准确率为 100%；检测妊娠的准确率为 93%。山羊以血浆孕酮含量大于或等于 3ng/ml 为判断依据，检测不孕准确率为 100%，检测妊娠的准确率为 98.6%。

第五节　分娩与接产

分娩与接产是肉羊生产的重要环节之一，需要对将要分娩的母羊予以重视和准备。分娩与接产主要包括分娩与接产、分娩控制和常见难产及其处理。

一、分娩与接产

（一）产羔前的准备

在接羔工作开始前，需制订接羔计划并按计划准备羊舍和用具、饲草、人员等。

1. 羊舍和用具方面

（1）分娩羊舍在产羔前，应把分娩舍或分娩栏打扫干净，墙壁和地面要用2%的来苏儿或1%的火碱水彻底消毒。如果是冬季，地面应铺些干草，舍内应保持一定的温度，以10～18℃为好，防止有风进入。其他季节，舍内应通风透光，地面要保持干燥。在产羔期间还应消毒2～3次。

（2）准备分娩栏。母羊分娩后，把分娩母羊和羔羊关在栏内，既可避免其他羊的干扰，又便于母羊认羔和管理。

（3）准备好接羔羊用具和药品。如台秤、产羔记录本、产科器械、来苏儿、酒精、碘酒、肥皂、药棉、纱布、毛巾、脸盆、手电筒、工作服等，都要在产羔前准备好。

2. 饲草饲料方面

若平时靠放牧饲养，在产羔前几天内就应在羊舍内饲养。因此就应提前准备好草料。给予的青干草为优质易消化的青干草，每只每天准备青干草2. 5～3. 5kg，全价混合精料0. 3～0. 4kg。

3. 人员方面

因为接羔是一项繁重而细致的工作，因此应指定专人负责，并配备一定数量的辅助人员，以便顺利完成接羔工作。

（二）分娩与接产

1. 分娩预兆

怀孕后期的母羊在临近分娩前，机体某些器官在组织学和外形上发生显著变化，母羊的全身行为也与平时不同。根据对这些变化的全面观察，可以推断临产时间，以便做好接产的准备。其预兆大致有如下几个方面：①乳房变化。乳房在分娩前迅速发育，腺体充实。乳头增大变粗，整个乳房膨大，发红且有亮光。临近分娩时，而且可从乳头中挤出少量清亮胶状液体或少量初乳。②外阴部变化。临近分娩时，阴唇逐渐柔软、肿胀、增大，阴唇皮肤上的皱襞展开，皮肤稍变红。阴道黏膜潮红，黏液由浓稠变为稀薄滑润，排尿频繁。③骨盆变化。骨盆的耻骨联合、荐髂关节以及骨盆两侧的韧带活动性增强，尾根及其两侧松软、凹陷。用手握住尾根上下活动，感到荐骨向上活动的幅度增大。④行为变化。母羊精神不安，食欲减退，回顾腹部，时起时卧，不断努责和鸣叫，腹部明显下陷，有的用前肢刨地。对有上述临产征状的母羊，应立即送入产房。

2. 正常分娩的助产

母羊产羔时，一般能自行产出。助产人员主要任务是监视分娩情况和护理初生羔羊。助产时，首先剪净临产母羊乳房周围和后肢内侧的羊毛，用温水洗净乳房，挤出几滴乳，再将母羊的尾根、外阴部等洗净，并用1%来苏儿溶液消毒。正常分娩的母羊在羊膜破裂后30min左右羔羊便能顺利产出。正常产出的羔羊一般是两前肢先出，接着就是头部出来，随着母羊的努责，羔羊自然产出。产双羔时，间隔10~30min就能产出第二只羊羔。当母羊产出第一只羔后，仍有努责、阵痛的表现，即是产双羔的症候，应认真检查是否会产第二只羔羊。羔羊初生后，需将羔羊口、鼻和耳内的黏液掏出擦净，以免误吞羊水，引起窒息或异物性肺炎。羔羊身上的黏液，应及早让母羊舔干，如果母羊不舔，可在羔羊身上撒些麸皮，放到母羊嘴边，促使母羊将它舔净。这样既可促进新生羔羊的血液循环，又有助于母羊认羔。

羔羊初生后，一般都能自己扯断脐带。这时可用5%的碘酒在扯断处消毒。如羔羊自己不能扯断脐带时，接产人员要先把脐带内的脐带血向羔羊脐部顺捋几次，然后再用指甲刮断脐带，长度以3~4cm为好，并用碘酒消毒处理。

在正常情况下，当母羊舔净羔羊身上的黏液后，羔羊就能摇摇晃晃地站起来找奶吃。这时首先将母羊乳头塞到羔羊嘴里，让羔羊及早吃上初乳。羔羊初生后，胎衣会在2~3h内自然排出，脱落的胎衣要及时拾走，避免让母羊吃掉，引起疾病。如果母羊的胎衣超过4h没有排出时，就要采取适当的治疗措施。

如在寒冷季节产羔，要做好产房的保暖防风工作。刚产的羔羊毛会有黏液，如果干得很慢时，可在产房内加温，以防止羔羊感冒。如在炎热夏季产羔，要做好防暑通风工作，及时打开产房门窗散热通风，但不要把羔羊放在阴凉潮湿处。有些羔羊初生后不会吃奶，应加以训练，方法是把羊奶挤在指尖上，然后将有乳汁的手指放在羔羊的嘴里让它学习吸吮。随后把手指移动羔羊到母羊乳头上，以吸吮母奶。

二、分娩控制

尽管实行同期发情配种，已经能使母羊的分娩时间相对集中和整齐。但是，前列腺素及其类似物（如氯前列烯醇）有激发子宫和输卵管收缩的特性，起催产的作用。这样，在妊娠达140d后，给妊娠母羊肌肉注射前列腺素15mg（15ml），或注射氯前列烯醇15mg（15ml），40h内至少有50%的母羊成功地分娩。此外，糖皮质激素也有同样的效果。若给妊娠母羊注射16mg糖皮质激素，12h后有70%的母羊产羔。从而可使同期受胎母羊的分娩更为集中。同时通过分娩控制母羊在白天分娩有利于接产、护羔和和降低羔羊在分娩时的死亡率；对于生产肥羔来说，更有利于实行集约化和工厂化的羔羊育肥和屠宰等。

三、常见难产及其处理

肉羊难产比例较小。一般初产母羊因骨盆狭窄、阴道狭小会出现难产，老母羊由于体弱无力、胎儿过大、胎位不正、子宫收缩无力等情况有时会出现难产。

羊膜破水后 30min 以上，仍未产出羔羊，或仅露出蹄和嘴，母羊又无力努责时，就要助产。助产人员应将手指甲剪短、磨光，消毒手臂，涂上润滑油或肥皂，根据难产情况相应处理。如果是胎位不正，需先将胎儿露出部分重新送回子宫，校正胎位之后随母羊的努责将胎儿拉出。如胎儿过大，可采用两种方法助产：一是用手握住胎儿的两前肢，随着母羊的努责，慢慢用力向后下方拉出；另一种方法是随着母羊的努责，用手向后上方推动母羊腹部，这样反复几次就能产出。也可以将羔羊两前肢反复数次拉出和送入产道，然后一手拉前肢，一手扶头，随母羊努责缓慢向下方拉出。切忌用力过猛或不依努责节奏硬拉，以免拉伤阴道。

对助产产出的羔羊，会出现假死现象，如发育正常，有心跳，但不呼吸。处理方法：一是提起羔羊的两个后肢，使其悬空，并不时拍打其背部；二是让羔羊平卧，用两手有节律地按压胸部。经过如此处理，短时间假死的羔羊多能复苏。

第六节　产羔体系

肉羊产羔体系是指根据繁殖母羊群组间的产羔间隔时间长短不同，确定不同的产羔体系。一般包括 1 年 2 产体系、2 年 3 产体系、3 年 4 产体系、3 年 5 产体系和随机产羔体系。

一、1 年 2 产体系

理论上 1 年 2 产这个体系可以使每头母羊得到最多产羔数量，可使年繁殖率增加 25%~30%。在我国南方管理水平比较高的情况下，1 年 2 产是可以做到的。湖羊、小尾寒羊等四季发情的高繁殖力品种，在较好的饲养管理条件下可以做到 1 年 2 产，得到 3~4 个羔羊。

二、2 年 3 产体系

这种产羔体系是，每 2 年产羔 3 次，平均每 8 个月产羔 1 次。这个体系有固定的配种和产羔计划。例如，5 月配种，10 月产羔；次年 1 月再次配种，6 月产羔；9 月配种，2 月产羔。如此循环进行。羔羊一般 2 月龄断奶，母羊在羔羊断奶后一个月配种。为了平衡产羔，繁殖母羊群可以分为 4 个组，每 2 个月安排 1 次生产。这样每隔 2 个月就有一批羔羊上市。如果母羊在组内配种失败，2 个月后参加下一组配种。这个生产体系比常规生产体系增加 40%产羔数。

三、3 年 4 产体系

繁殖母羊群组间的产羔间隔为 9 个月，从而构成 3 年 4 产体系。一年内有 4 轮产羔设计。该体系由美国的一个试验站设计，他们在培育多胎的莫拉姆羊时采用这种产羔体系。

四、3 年 5 产体系

这个体系是由美国康奈尔大学伯拉・玛吉设计的一种全年产羔方案，也称星式产羔体系。由于母羊妊娠期的一半是 73d，正是 1 年的 1/5。羊群可被分成 3 组，开始时，第一组母羊在第一期产羔；第二期配种，第四期产羔，第五期再次配种；第二组母羊在第二期产羔，第三期配种，第五期产羔，第一期再次配种；第三组母羊在第三期产羔，第四期配种，第一期产羔，第二期再次配种。如此周而复始，产羔间隔 7.2 个月。对于 1 胎产 1 羔的母羊，1 年可获 1.67 个羔羊，如 1 胎产双羔，1 年可得 3.34 个羔羊。

五、随机产羔体系

在有利的饲料年份和有利的价格下，进行 1 次额外的产羔。无论什么方式、什么体系进行生产，尽量不出现空怀母羊，即进行 1 次额外配种。此方式对于个体养羊生产者是很有效的一种快速产羔方式。

总之，在选择配种产羔体系之前，应该考虑地理生态、繁殖特性、管理能力、饲料资源、设备条件、投资需求、技术水平等诸因素，认真分析后，做出最佳选择。

第七节　繁殖力评估

在肉羊的繁殖和育种过程中，往往需要对羊群的繁殖力进行评估，以便了解母羊群体的繁殖状况，从而对群体繁殖力的遗传进展、母羊群体结构、公羊的繁殖性能等有一个比较全面的认识。有关母羊繁殖群体的一些繁殖力参数计算如下。

空怀率（%）=（能繁母羊数-受胎母羊数）/能繁母羊数×100

受胎率（%）=受胎母羊数/已配种母羊数×100

产羔率（%）=初生活羔羊数/分娩母羊数×100

成活率（%）=断奶成活羔羊数/初生活羔羊数×100

繁殖率（%）=初生活羔羊数/能繁母羊数×100

繁殖成活率（%）=断奶成活羔羊数/能繁母羊数×100

以上各种繁殖力指标每个年度要统计 1 次。如果繁殖力指标下降较快，就要求育种者或生产管理者对羊群进行具体分析，找出原因。特别是在肉羊育种中，当一个育种群体的繁殖力指标没有按照育种计划改变时，首先就要对群体的饲养管理、繁殖技术等外部条件进行研究。其次是要对种公羊进行检查。因为育种群体的种公羊是经过严格的选择而确定的，一般有较高的育种值，是群体繁殖力提高的推动者。它的优劣对整个群体的遗传进展有较大的影响。对种公羊的检查包括种公羊的饲养管理情况、繁殖生理状况、育种值、配种情况等。对于不理想的种公羊要及时淘汰。

第八节　生殖激素种类和利用

生殖激素的种类较多，根据来源、分泌器官、转运机制、化学本质和主要生理作用等分别列于表 2-1。

表 2-1　各类生殖激素的来源和化学特性及主要生理作用

种类	名称	简称	主要来源	化学特性	主要生理作用
脑部生殖激素	内源性阿片肽	EOP	下丘脑	多肽	抑制垂体 LH 的分泌，并对下丘脑 GnRH 的分泌有影响
	促性腺激素释放激素	GnRH	下丘脑	十肽	促进垂体前叶释放 LH 和 FSH
	促乳素释放因子	PRF	下丘脑	多肽	促进垂体释放促乳素
	促乳素抑制因子	PIF	下丘脑	多肽	抑制垂体释放促乳素
	催产素	OT	下丘脑	九肽	促进子宫收缩、乳汁排出，并具溶解黄体作用
	促卵泡素	FSH	腺垂体	糖蛋白	促进卵泡发育和成熟及精子发生
	促黄体素	LH	腺垂体	糖蛋白	促进排卵和黄体生成及雄激素和孕激素的分泌
	促乳素	PRL	腺垂体	糖蛋白	促进乳腺发育和乳汁分泌，提高黄体分泌机能，增强母性行为

（续表）

种类	名称	简称	主要来源	化学特性	主要生理作用
性腺激素	雌激素	E	卵巢	类固醇	促进发情行为、第二性征、雌性生殖道和子宫腺体及乳腺管道的发育，刺激子宫收缩，并对下丘脑和垂体有反馈调节作用
	雄激素	An	睾丸	类固醇	促进精子发生、第二性征和副性腺及性行为的发育，并具同化代谢作用
	孕激素	P	卵巢	类固醇	与雌激素协同作用于发情行为，抑制母羊的排卵和子宫收缩，维持妊娠，维持子宫腺体和乳腺腺泡的发育，对促性腺激素分泌有抑制作用
	松弛素	Rx	卵巢、子宫	多肽	促进子宫颈、耻骨联合、骨盆韧带松弛
	抑制素	In	卵巢和睾丸	蛋白质	抑制垂体 FSH 的分泌和释放
	激动素	A	卵巢和睾丸	蛋白质	促进垂体 FSH 的分泌
	抑制卵泡素	F	卵巢和睾丸	蛋白质	抑制垂体 FSH 的分泌和释放
	孕马血清促性腺激素	PMSG	妊娠的马属家畜子宫内膜杯	蛋白质	与 FSH 类似，促进马属动物辅助黄体的形成
	妊娠蛋白 B	PPB		蛋白质	
	早孕因子	EPF		蛋白质	维持妊娠
其他	前列腺素	PG	子宫	脂肪酸	溶解黄体，促进子宫收缩
	外激素		外分泌腺	脂肪酸，萜烯等	对性行为有影响

第九节　免疫多胎和免疫去势技术

一、免疫多胎技术

免疫多胎技术是指对母羊用某种性激素进行免疫后，可使绵羊群中的双羔增多，产羔率提高 20%左右。绵羊通过免疫双胎技术可使绵羊双羔率提高 20%~40%，在免疫过程中，选择健康无病，且有正常繁殖力、体质较好的母羊。免疫双胎注射制剂有以下两种：

（一）水剂

初次使用每只羊注射 2 次，每次 1ml，配种前 35d 注射 1ml；20d 后再注射 1ml，注射部位为颈部皮下。第二次注射半月后开始配种。第一年注射过的羊，第二年只需配种前 15d 注射 1ml。

（二）油剂

初次使用时，在配种前 20d 肌内注射 2ml。第二年重复使用时剂量减半，方法同第一年。注射液不可冷冻，最好在 4~8℃的温度条件下保存。

二、免疫去势技术

去势可以使公羊失去好斗性，性情温顺、便于管理。去势技术包括手术去势、化学去势和免疫去势等，目前进展较快的是免疫去势技术。免疫去势是指用免疫学方法破坏机体的下丘脑—垂体—性腺轴的激素之间的正常反馈调节状态，降低促黄体素和促卵泡素水平，从而降低性腺激素水平，最终导致性腺的萎缩（睾丸、卵巢大小及重量改变）而达到去势的目的。目前在免疫去势中研究最多的是应用 GnRH 疫苗进行免疫去势，包括被动免疫、合成肽疫苗。其中 GnRH 的合成和分泌受到生殖轴中最上游

KISS1 基因的调控，而由下丘脑分泌的 KISS1 基因对青春期的起始和雄性动物的生殖起到了至关重要的作用。所以很多研究者将 KISS1 基因作为一个重要的免疫去势的靶基因进行研究，并探讨 KISS1 基因免疫去势的效果、机制、对生长的影响、可逆性和是否安全等问题，把 KISS1 基因作为一种开发免疫去势疫苗的新靶标。

第三章　人工授精和胚胎移植

人工授精和胚胎移植是两种肉羊繁殖实用新技术，它们在实际的生产和育种过程中的起到了非常重要的作用，能够在短期内快速增加肉羊的养殖效益。胚胎移植主要用于提高母羊的繁殖效率，快速扩繁纯种效益明显；人工授精主要用于提高公羊的效率，广泛用于特一级公羊生产纯种或杂交肉羊。

第一节　人工授精

一、人工授精概述

人工授精就是在采集室内，通过特殊器械和工具采集公羊的精液，并经过精液品质检查和适当处理之后，再适时输送到发情母羊的子宫颈内，使母羊卵子受精产羔以代替公、母羊自然交配繁殖后代的方法。

与自然交配的方法比较，人工授精的优点：①可以提高优秀种公羊的利用率和提高公羊配种效益，每只优秀种公羊可完成500~800只基础母羊的配种任务；②克服不易受胎困难，子宫颈口输精和精液品质检查避免了母羊因阴道疾病或子宫颈位置不正所引起的不育；③预防疾病的传播，可以避免公、母羊因生殖器官相互接触而传播某些传染性疾病；④不受地域和时间限制，可以兼顾国外和国内市场，不受时间限制，成本较低，为实现肉羊全球联合育种提供了基础。

二、人工授精步骤

人工授精步骤包括：采精前准备工作→采精→精液检查→精液稀释→精液保存和运输→母羊发情鉴定→输精。具体如下：

（一）采精前准备工作

1. 场地的准备

采精场地、精液检查室和输精场地要求互相连接，地面坚实，安静，保持阳光充足，空气新鲜，温度保持在18~25℃，采精前后用1%高锰酸钾或1%新洁尔灭溶液进行喷洒消毒，采精室每星期进行一次熏蒸消毒（高锰酸钾250g，40%的甲醛溶液500ml）

2. 器械的消毒准备

采精、精液品质检查及输精等过程中所需要的各种器械（表3-1），均应消毒，干燥保存。

表3-1　肉羊人工授精主要器械

名称	规格/单位	数量	用途
假阴道	套	3~5	采集精液
集精杯	个	5~10	收集精液
输精枪	个	5~10	输精
开膣器	个	3~5	打开生殖道，观察子宫颈口辅助输精
保温桶	个	1~2L	贮存精液
消毒锅	个	1	器械消毒
手电筒	个	2	输精时提供照明
普通显微镜	400~600倍	1	检查精子活力和密度

假阴道、集精瓶清洗消毒。采精瓶和假阴道要用2%的碳酸

氢钠清洗，然后用清水冲干净后再用蒸馏水洗 2 次，再用 75%酒精消毒，使用前再用清水冲洗干净。清洗后的集精瓶置于沙布罐内蒸气灭菌待用。内胎洗完后要用纱布裹好。内胎用长柄镊子夹上 96%的酒精棉球进行消毒，待酒精挥发后再用。

输精器材的清洗消毒。输精器材要先用 2%的碳酸氢钠清洗，然后用清水冲洗后再用蒸馏水冲洗 2 次，用纱布包好蒸汽灭菌，使用前用生理盐水抽洗数次。用输精器输完一只母羊后，尖端要用 96%的酒精棉球和灭菌生理盐水擦拭，才能给另一只母羊输精。开膣器通常用酒精火焰消毒，之后置于灭菌生理盐水待用。

其他器械消毒。玻璃器械通常用 2%的碳酸氢钠清洗，然后清水冲洗之后进行蒸汽灭菌。纱布、手巾、台布等用肥皂水洗干净，进行蒸气灭菌。外阴部的消毒布要用肥皂水洗干净后，用 2%的来苏儿水消毒，晾干后再操作。

3. 公羊的准备

种公羊的准备。选择体格良好、生产性能高、雄性特征明显、生殖器官正常和精液品质优良的公羊做种公羊，8~10 月龄时进行初配。配种开始前 1~1.5 个月，每只种公羊至少要采精 15~20 次，开始每天采精 1 次，后期隔天采精 1 次，对每次采的精液进行精液品质检查。对初配种公羊，必须进行调教，方法为：①将发情母羊分泌物或尿液涂抹在公羊鼻尖上，刺激性欲使其爬跨母羊进行采精，反复几次后便可调教成功；②放入母羊群，待几天会爬跨时即可牵走用于采精。

4. 假阴道的准备

假阴道在采精前 30min 应安装消毒好，在准备假阴道时要注意温度、压力和润滑度这 3 个方面。①安装时，先将内胎光滑面向里，40℃水浴锅加热后再装入假阴道外壳，松紧适当，两端用橡皮圈或线绳固定好，75%酒精消毒后，放入 40℃保温箱备用，或待酒精挥发后直接装上集精杯保温瓶（先将集精杯保温瓶内装上35℃的温水后再装上集精杯），要保持内胎平整，无皱褶。②用清洁玻璃棒蘸少许灭菌的润滑剂（灭菌的凡士林与石蜡油按1：1配制），均匀涂在假阴道内胎壁前1/3处上以保证其润滑度。③从假阴道注水孔注入少量温水（50~55℃）以保证温度接近母羊温度，注水量约占内外胎空间的70%（150~180ml），再用气体活塞吹入气体以保持一定弹性，以吹至内胎表面入口处呈三角合拢而不向外鼓出为宜。假阴道内胎的温度在采精前要用消过毒的温度计进行测量，以39~42℃为宜。

（二）采精

采精前30min先用温湿毛巾将种公羊阴茎包皮周围擦干净。采精者蹲在假台羊或发情母羊的右后侧，右手握假阴道与地面成35°~40°角（集精杯一端向上）。当公羊爬跨时，采精人员迅速用手指托住包皮，将阴茎导入假阴道内（不要使假阴道的边缘或手触到阴茎）。当公羊身体向前耸动后，应立即取出假阴道，使集精杯一端向下竖起，之后取下集精杯，加盖后立即送实验室检查。注意种公羊采精频率要适当，1~2次/d，3d/周。

（三）精液品质的检查

精液品质的检查，是保证受精效果的一项重要措施，同时要做好种公羊的精液品质检查记录工作（表3-2）。精液品质检查的方法主要有肉眼观察和显微镜检查法两种。

表3-2　种公羊精液品质检查记录表

品种：　　公羊号：　　使用单位：　　年：

采精		采精量（ml）	原精液				稀释液种类	稀释		授精量（ml）	授精母羊数	备注
时间	次数		密度	活力	色泽	气味		倍数	活力			

1. 肉眼观察

公羊一次射精量为 0.5~2.0ml，山羊和绵羊分别为 0.8~1.0ml 和 1.0~1.2ml。正常精液的颜色呈乳白色或浅黄色。若是深黄色表明混有尿液，灰色或浅青色表示少精，粉红色或红色表示混有血液，深绿色表示混有脓液，有絮状物表明精囊腺发炎，颜色异常的不能输精。正常精液无味或略有腥味，有尿味或浓腥味时不能输精。精子运动会引起翻腾活动，呈云雾状态，精子的密度越大，活力越强，云雾状越明显。

2. 显微镜检查

通常在 18~25℃的室内，用 200~600 倍的显微镜进行检查。具体为用清洁的玻璃棒或吸管蘸取一小滴精液，滴在载玻片中央，盖上盖玻片（注意不要有气泡），放在显微镜下进行检查。检查的内容有精液量、颜色、气味、形态、密度和活力等。在实际应用中，检查最多的是精子密度和活力。

（1）精子密度检查　一般用每毫升精液中所含的精子数表示。取 1 滴新鲜精液放在载玻片上置于显微镜下观察，根据视野内精子多少可分为密、中、稀、无四级。“密”表示视野内精子数量多，精子之间的距离小于一个精子的长度，“中”表示精子之间的距离约相当于一个精子的长度，“稀”表示精子之间空隙大，超过一个精子的长度，“无”表示视野中见不到精子。此外，为了知道每毫升精液中确切的精子数，需要用血球计数器在显微镜下进行检测和计算。每毫升精液中精子数量在 25 亿以上者为密，20 亿~25 亿个为中，20 亿以下为稀。

（2）精子活力检查　一般指 38℃室温下呈直线运动的精子占总精子数的百分率。分十级制评分法和五级制评分法。在十级制评分法中，100%的精子呈直线前进运动者，评为 1.0；90%的精子呈直线前进运动者评为 0.9，依此类推。在五级制评分法中，100%的精子都呈直线前进运动，评为 5 分，80%的精子呈直线前进运动评为 4 分，60%的精子呈直线前进运动，评为 3 分，以此类推。正常肉羊的精液，精子密度为“密”，每毫升精子数在数在 10 亿以上，若密度过稀、五级评分中的活力在 3 分以下者，不能用于输精。

（四）精液稀释

1. 精液稀释目的

（1）增加精液容量和扩大配种母羊数　公羊每次射精数目较多，但只有少数参与受精作用。因此，将原精液适当稀释后输精，即可增加精液容量和发情母羊配种头数。

（2）延长精子的存活时间，提高受胎率　精液经过适当的稀释后，可以减弱附性腺分泌物对精于的有害作用（氯化钠和钾），补充精子代谢所需要的养分，缓冲精液中的酸碱度和抑制细菌繁殖。

（3）便于长途运输　经过适度稀释的精液，可延长精子的存活时间，有利于精液的保存和运输。

2. 精液稀释步骤

精液稀释前，要先根据采集数量和待配发情母羊数量来确定稀释倍数，一般稀释 4~8 倍，稀释后的精液，每毫升有效精子数不少于 7 亿个。稀释时，要将稀释液温度调整到与精液相同，然后将稀释液缓慢加入到盛有精液的管中，37℃水浴贮存待用。常用稀释液的配方有如下 3 种。

第 1 种稀释液，为增加精液容量而进行稀释的两类稀释液：① 0.9%氯化钠溶液，将氯化钠 0.9g 加入 100ml 蒸馏水中，使其充分溶解后用滤纸过滤，然后在高压蒸汽消毒，因蒸发所减少的水分，用蒸馏水加以补充，以保持溶液原来浓度不变。②乳汁稀释液，先将乳汁（牛乳或羊乳）用 4 层纱布过滤，装入三角瓶或烧杯中放在热水锅中煮沸消毒 10~15min（或蒸气灭菌 30min），取出冷却后，去除奶皮，稀释后即可应用，稀释数倍通常为1~3倍。此种稀释简便易行，保存时间极短，一般为20h左右，只能用于即时输精（表3-3，韩天龙等，2015）。

表3-3 不同精液稀释保存液对精子存活时间及生存指数的影响（引自韩天龙等，2015）

稀释液	生理盐水稀释液	卵黄+生理盐水稀释液	葡萄糖—卵黄稀释液
总存活时间（h）	21.1±6.4[e]	40.3±8.1[c]	108.2±9.6[b]
有效存活时间（h）	5.8±2.1[e]	11.7±5.8[c]	61.5±7.4[b]
精子生存指数	6.4±1.5[e]	13.5±1.4[b]	63.5±5.8[b]

注：同行字母不相同者表示差异显著；精子有效存活时间是指精子活率在0.6以上的保存时间；精子生存指数是指相邻两次精子活率的平均数与间隔时间乘积的总和

第2种稀释液，将10ml新鲜蛋黄加入90ml 0.9%的氯化钠溶液（生理盐水）中，搅拌均匀即可，通常稀释倍数不超过1~4倍，保存时间较短，一般40h左右（韩天龙等，2015）。

第3种稀释液，葡萄糖—卵黄稀释液，将1.5g葡萄糖，0.7g柠檬酸钠放入50ml蒸馏水中溶解后，过滤2~3遍，蒸煮30min，取出降温至25℃，加入10ml新鲜卵黄，振荡溶解即可，用此种稀释液稀释的精子在4℃保存时间较长，可达108h（韩天龙等，2015）。杨桂霞（2014）对种公羊精液做3~6倍稀释后，常温环境下（20~25℃），1~3h之内完成输精，可取得平均情期受胎率79.2%的良好配种效果（杨桂霞，2014）。

精液稀释时要避免温度和水对精子的不利影响。高温和低温均会影响精子活力。温度高于体温时会造成精子的热应激，使其在短暂和急促的快速运动后发生死亡，温度低于体温时可对精子的活动起到抑制作用，15℃以下的精子就会出现“冷休克”，造成活力的不可逆丧失。水对精子的不利影响主要表现为渗透作用。在检查精子活力和稀释精液过程中，要避免水混入精液中，活力检查和稀释液都必须和精液稀释液的渗透压是一样的，否则会导致精子活力丧失和死亡。

（五）精液保存和运输

精液的保存分为常温保存、低温保存和冷冻保存 3 种方法（表 3-4），不同保存方法对受胎率影响不同。

表 3-4　肉羊精液保存方法

保存方法	温度（℃）	稀释液	保存时间（天）	参考文献
常温保存	20℃以下	基础液	1	王占赫等，2006
低温保存	2~4℃	基础液	2~3	刘福元等，2008；慕勇，2015
冷冻保存	-196℃	基础液+冷冻保护剂	长年	席利萌等，2015

注：基础液即表 3-3 中所述 3 种精液稀释液；肉羊冷冻保护剂有甘油、乙二醇（EG）、二甲基亚砜（DMSO）和小分子物质二甲基乙酰胺（DMA）

在近距离运送精液时，不必降温，将盛有精液的小试管或集精瓶口封严，用棉花包裹好放入保温瓶即可。远距离运输时，要用直接降温法缓慢降温至 0~5℃。具体为：将广口保温瓶先用冷水浸下，再填装半瓶冰块使温度保持在 0~5℃。为防止温度突然下降和冰水混合物浸入容器内，可将容器放进垫有棉花的大试管里，或者将装满精液的小试管用灭菌玻璃纸包以棉花塞严，再用玻璃纸进行包扎管口，然后包以纱布置于胶皮内胎中，直接放入广口瓶内。运输精液时尽量缩短运输时间，还要防止剧烈震动，每次输送的精液都要注明公羊号、采精时间、精液量和精液等级。精液运送到目的地取出后，置于 18~25℃ 室温下缓慢升温，检验合格后再输精。

（六）母羊发情鉴定

试情公羊的准备。由于母羊发情征状不太明显，发情持续期较短，因此，在人工授精过程中必须使用试情公羊从大群待配母羊群体中找出发情母羊进行适时配种。试情公羊必须健康无病，性欲旺盛，年龄在 2～5 岁，数量为参加配种母羊数的 2%～4%。

用试情公羊识别发情母羊。试情时间为每天早晚各 1 次，每次不少于 1h，试情过程中保持安静。给试情公羊带上试情布，赶入待配母羊群中进行试情。凡有意与公羊接近，接受公羊爬跨的即认为是发情母羊，及时将其挑出至发情母羊圈中。母羊有时与公羊接近，但又拒绝接受爬跨，此时应将其捕捉，然后用辅助阴道检查的办法来确定是否发情。

（七）输精

在人工授精输精环节，要做好母羊的配种繁殖记录工作（表 3-5），它可以为我们总结经验教训，加速提高肉羊品种改良和育种提供参考。

表 3-5　人工授精母羊配种繁殖记录

场别：

编号	配种前体重	第一情期		第二情期		第三情期		预计分娩日期	实际分娩日期	产羔						父号
		种公羊号	日期	种公羊号	日期	种公羊号	日期			羔羊号	性别	羔羊号	性别	羔羊号	性别	

肉羊人工输精时间。当天挑出的发情母羊在当天配种 1～2 次（若每天配 1 次可在上午配，配两次时上、下午各配 1 次），如果第 2 天继续发情，则可再配。为提高母羊的受胎率，一般给发情母羊输精 2 次，即在第 1 次输精后 8～12h 再输 1 次。授精母羊要做好标记，便于识别。

肉羊人工输精具体操作：将配种母羊固定于固定架上，用

1/1000 新洁尔灭或 75%酒精擦拭将其外阴部消毒，输精员右手持输精器，左手持开膣器慢慢插入阴道，再将其轻轻打开，寻找子宫颈。在打开开膣器后，如果发现母羊有排尿或阴道内黏液过多表现，应让母羊先排尿或将其母羊阴道内黏液排净，之后再将开膣器插入阴道，仔细寻找子宫颈。子官颈附近内膜的颜色较深，用开膣器打开阴道后，向颜色较深的方向寻找子宫颈口。找到子宫颈以后，将输精器前端插入子宫颈口内 1~2cm 深处，用大拇指轻压活塞，将原精液 0. 05~0. 1ml 或稀释液 0. 1~0. 2ml 输入，保证直线运动的精子数在 7 000万以上。当初配母羊阴道狭窄，用开膣器插不进或打不开，无法寻找到子宫颈时，只能进行深部阴道输精，每次输入原精量不低于 0. 2~0. 3ml。

在输精过程中，要遵循慢插、适深、轻注、缓出 4 个原则。一般认为，输精深度越深，人工授精的效果越好。子宫颈输精比阴道输精的受胎率可提高 20%。如果发现发情母羊阴道有炎症，待输完精之后，要用 96%的酒精棉球擦拭输精器进行消毒。消毒时酒精不宜过多，只能从后端向尖端方向擦拭，擦拭后，要用 0. 9%的生理盐水冲洗后才能对下一头母羊进行输精。

三、人工授精站的建立

在肉羊育种区域内，必须建立人工授精站（图 3-1），并且要与羊群的分布相一致，方便配种工作。人工授精站必备条件是：专业技术人员，优良品质的种公羊，合适场地，必要的器械和药品。目前，一些人工授精站不完全具备以上 4 个条件，大大影响了肉羊人工授精的效率。今后，要加快完善肉羊人工授精站的建立，并将这些人工授精站连接成区域性或全国人工授精网，实现资源共享，提高效率。

（一）技术人员配置

每个授精站至少要有 2~3 名人工授精师，这些技术人员接受过严格专业训练并考核合格，用于负责公羊的保健以及人工授精等事宜。

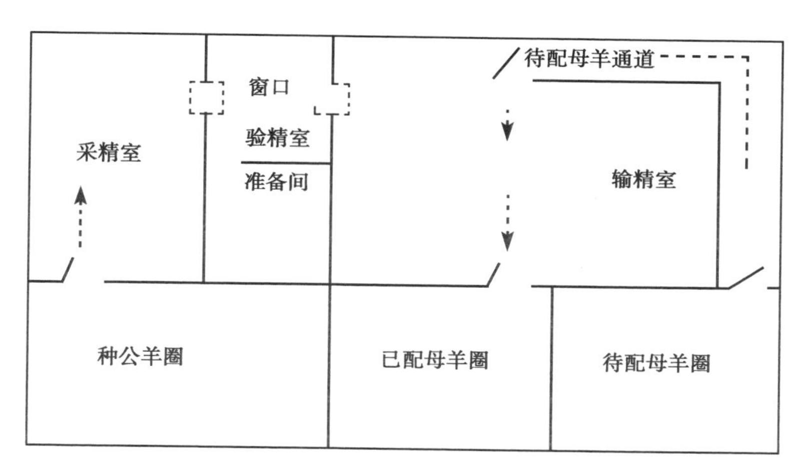

图 3-1　肉羊人工授精站布局

（二）优秀种公羊的准备

按照肉羊育种方向，选择体质结实、肉用和繁殖性能高、生殖器官正常和精液品质优良的公羊作为种公羊。查看种公羊的系谱资料确定是否可以作为主配公羊，即要查看上代、后代和本身的性状参数。此外，还要提前对种公羊进行调教。人工授精的公羊必须都是特级或一级公羊，按每只公羊配 200~400 只母羊计算好所需种公羊数。有条件的肉羊人工授精站，每只种公羊可预备 1~2 只后备公羊。种公羊在配种前 3 周开始采精，第 1 周隔两日采精 1 次，第 2 周隔日采精 1 次，第 3 周每日采精 1 次，以提高种公羊的性欲和质量。

（三）场地准备

每个人工授精站应有采精室、精液处理室和授精室。精液处理时室温应控制在 18~25℃。此外，还需配有若干个种公羊圈、试情公羊圈、待授精母羊圈和已授精母羊圈。对于配种场所和放置药品器械的房间，要进行彻底消毒。室内保持阳光充足，空气清新，环境安静。

（四）必备的器材和药品

器材和药品详见表 3-6 所示。

表 3-6　肉羊人工授精器材和药品表

器材或药品名称	规格	单位	数量
显微镜	600 倍	架	1
药物天平	称量 100g，感量 0.1g	台	1
蒸馏器	小型	套	1
假阴道外壳	羊用	个	4
假阴道内胎	羊用	条	10
假阴道塞子	标准型带气嘴	个	8
玻璃输精器	1ml	支	10
输精器调节器	标准型	个	5
集精杯	标准型	个	10
金属开膣器	大、小 2 种	个	各 3
温度计	100℃	支	5
室温计	普通型	支	3
载玻片	0.7mm	盒	1
盖玻片	1.5×1.5mm	盒	2
酒精灯	普通型	个	2
玻璃量杯	50ml，100ml	个	各 1
蒸馏水瓶	5 000ml，10 000ml	个	各 1
玻璃漏斗	8cm，12cm	个	各 2
漏斗架	普通型	个	2
广口玻璃瓶	125ml，500ml	个	各 4
细口玻璃瓶	500ml，1 000ml	个	各 2
玻璃三角烧杯	500ml	个	2
烧杯	500ml	个	2
玻璃培养皿	10～20cm	套	2

（续表）

器材或药品名称	规格	单位	数量
带瓶陶瓷杯	250ml，500ml	个	各 2~3
钢筋锅	27~29cm 带蒸笼	个	1
陶瓷盘	20cm×30cm，40cm×50cm	个	各 2
长柄镊子	18cm	把	2
剪刀	直头	把	2
吸管	1ml	支	2
广口玻璃瓶	手提 8 磅	个	2
玻璃棒	直径 0.2cm 或 0.5cm	支	各 1
瓶刷	中号、小号	把	各 2
擦镜纸	普通	本	2
药勺	角质	把	2
滤纸	普通型	盒	2
纱布	普通型	千克	1
药绵	脱脂棉	千克	5
试情布	普通棉布	米	2
脸盆	普通型	个	4
肥皂	普通型	条	5~10
酒精	95%，500ml	瓶	5
氯化钠	分析纯，500g	瓶	1
碳酸氢钠	分析纯，500g	瓶	5
白凡士林	1 000g 装	盒	1

第二节　胚胎移植

肉羊胚胎移植又称受精卵移植，俗称借腹怀胎或人工受胎，是将良种母羊配种后的早期胚胎取出，移植到生理状态相同的其他母羊体内，使之继续发育成为新个体的技术。提供胚胎的母羊称为供体，接受胚胎的母羊叫作受体，因此，胚胎移植实际上是由提供胚胎的供体和养育胚胎的受体分工合作共同繁育后代的技术。

一、胚胎移植的原则

胚胎移植的生理基础包括：①母羊发情后生殖器官的孕向发育，无论是否配种都将为妊娠做好准备；②早期胚胎处于游离状态；③受体对胚胎没有排斥作用，可使移植后的胚胎继续发育。但是，胚胎移植时必须遵循以下 3 项原则。

（一）供体和受体生殖内环境应相同

1. 供体和受体种属必须一致

供体和受体母羊必须属于同一物种，但也存在种属不同而进化史上血缘关系较近、生理和解剖特点相似个体之间胚胎移植成功的可能。在分类学上亲缘关系较远的物种，因胚胎的组织结构、发育所需要的条件以及进程差异较大，一般移植后的胚胎大多数情况下很少能存活或只能存活很短时间，比如将绵羊、牛和猪的早期胚胎移植到兔子的输卵管内，仅能存活几天。

2. 生理同期化

供体和受体母羊在发情时间上必须一致，一般不超过 24h，否则会显著降低胚胎移植的成功率。

3. 部位一致

供体胚胎收集的部位和受体胚胎移植的部位必须一致，从供体母羊输卵管内收集到的胚胎应移植到受体母羊的输卵管内，从供体母羊子宫内收集到的胚胎应该移植到受体母羊的子宫内。

（二）时间适宜

收集和移植胚胎的时间要适宜，收集和移植胚胎的时间必须在黄体期早期和胚胎附植之前。收集胚胎的时间最好是在发情配种后第 3~4d 进行，最长不超过发情配种后的第 7d。

（三）胚胎发育应当正常

在胚胎收集和移植过程时，尽量减少物理、化学和生物对胚胎的影响，胚胎移植前要对其进行鉴定，确定其发育正常后再进行移植。

二、胚胎移植过程

胚胎移植的过程包括供体和受体母羊的选择及同期发情处理、供体羊超数排卵和授精、胚胎收集和处理、胚胎移植、胚胎移植后母羊的饲养管理（妊娠检查、分娩及其他饲养管理）（图 3-2）。

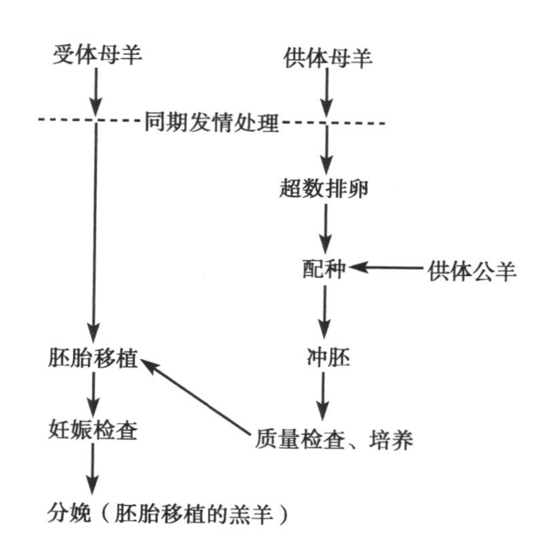

图 3-2　肉羊胚胎移植过程

（一）供体、受体母羊的选择和同期发情处理

1. 供体和受体母羊的选择

供体母羊的选择。应具有该品种羊优良的遗传特性和较高的育种价值，可以用个体测定、同胞测定和后裔测定等方法筛选出优秀的母羊。供体母羊必须健康无病，经过血检后无布氏杆菌、结核、副结核、肉羊黏膜综合征、钩端螺旋体病、传染性鼻气管

炎和蓝舌病等。供体母羊生殖系统机能正常，膘情适中，无卵巢囊肿、子宫炎和卵巢炎等疾病，无屡配不孕和难产史。

受体母羊选择。选择价格便宜、数量较多、体型较大、具有良好的繁殖性能、无生殖器官疾患、健康状态良好的本地母羊，隔离饲养，防止流产。此外，检疫和疫苗接种要与供体羊相同。

2. 供体和受体母羊的同期发情处理

在胚胎大批量移植之前，应对供体和受体母羊进行发情同期化处理，以提高胚胎移植的成功率，同时也便于合理组织大规模畜牧业生产和科学化的饲养管理，降低成本。供体和受体山羊发情的同步误差控制在1d范围内。山羊的发情持续期在个体之间差别很大，通常以发情终止时间来计算同期化程度，这是由于山羊无论发情持续多久，排卵时间一般出现在发情终止前4~6h或在发情终止后。

常用的同期发情药物根据其性质可分为三类：①抑制卵泡发育及发情的药物，如孕酮、18甲基炔诺酮、甲孕酮、氟孕酮和甲地孕酮等；②能使母羊黄体提早消退而导致发情，即缩短发情周期的药物，主要是前列腺素（$PGF_{2\alpha}$）；③促进卵泡发育和排卵的药物，如促卵泡素（FSH）、孕马血清促性腺激素（PMSG）、促黄体素（LH）和人绒毛膜促性腺激素（hCG）。

同期发情的给药方式有阴道栓塞法、注射法和口服法：①阴道栓塞法，是动物常用的一种同期发情方法。用泡沫塑料或海绵做成圆柱形的阴道栓（长、宽和厚一般为2~3cm，可根据肉羊个体大小来调整），阴道栓一端拴上细线，线的另一端要在阴门之外，方便结束时拉出。将灭菌的阴道栓浸入激素制剂溶液内，用开膣器和长柄钳将其塞入阴道深处放置。②注射法。每天按一定剂量分两次肌肉或皮下注射药物，两次间隔3~4h，持续若干天。③口服法。每天将孕酮、18甲基炔诺酮、甲孕酮、氟孕酮和甲地孕酮等中的一类按一定量均匀地混入饲料中，持续12~14d。

同期发情的处理方法有前列腺素和孕激素处理法。①前列腺素处理法。$PGF_{2\alpha}$及其类似物对黄体有溶解作用，黄体溶解之后，卵巢上的卵泡就会发育继而发情。$PGF_{2\alpha}$诱导同期发情，卵巢上需有发育中后期的黄体存在，否则，对其处理就没有效果，那是因为早期黄体（母羊排卵后的1~5d）上没有$PGF_{2\alpha}$受体存在。在繁殖季节，如不能确定受体母羊的发情周期，可采用两次注射法，$PGF_{2\alpha}$注射剂量为4~6mg，PG_c注射剂量为10~1 000μg（姜宁，2004）。母羊第1次注射后，凡卵巢上有功能黄体的即可在注射后4d内发情，选出发情的受体羊用于胚胎移植。其余的羊间隔10~12d再进行第二次注射。一般母羊在PG一次处理后发情率可达70%。使用$PGF_{2\alpha}$诱导母羊同期发情，可在供体羊超排处理（FSH或PMSG）第二天给受体羊注射，这种方法方便可靠，但成本较高。②孕激素处理法。孕酮能够抑制腺垂体释放FSH，起到抑制排卵效果。经阴道海绵栓给予孕酮或类似物50~60mg，处理12~18d（CIDR，9~12d）即可抑制卵泡发育，肌肉注射量为每天10~20mg也可抑制卵泡发育。待撤除阴道海绵栓或停止注射后，孕酮抑制作用会随即消失，卵泡也开始发育，母羊一般会在撤除海绵栓或停止注射后2~3d内发情，受体母羊撤栓时间应比供体提前一天。孕激素处理结束的前一天，可给予供体小剂量的$PGF_{2\alpha}$，更有利于同期发情（陈童等，2011）。这种方法费用低，但处理持续时间时间长，受体妊娠率低，且主要适用于发情季节内。

（二）供体羊超数排卵与授精

1. 供体母羊超数排卵

超数排卵及意义。超数排卵简称“超排”，是指在优良母羊发情周期的某一时期，以外源性促性腺激素处理优良母羊，促使肉羊卵巢上多个卵泡同时发育并排出多个具有受精能力卵子的技术。超数排卵可以充分发挥优秀肉用种羊的生长性能和繁殖性能，尤其是对于以单胎为主的肉用绵羊，可以提高双胎率或多胎率，使其在繁殖年限内得到尽可能多的后代，从而更好地发挥优良母羊的生产性能，具有很强的生产实践意义。

超排常用药物。促性腺激素类常用促卵泡素（FSH）和孕马血清促性腺激素（FMSG），辅助超排的激素常用促黄体素（LH）、促性腺激素释放激素（GnRH）和人绒毛膜促性腺激素（HCG）。

超排处理方法有两种：①在发情周期的第16~18d，1次皮下或肌肉注射PMSG 750~1 500IU；或每天注射两次FSH，连用3~4d，出现发情后或配种当日再肌注hCG 500~700IU。②在发情周期的中期（发情周期第9~12d），即在注射PMSG（或FSH）之后，隔日注射PGF2α或其类似物。如采用FSH，总剂量为20~30mg（130~180国际单位），分3d 6次注射，在第5次和第6次时同时注射PGF2α（0. 1mg）。用PMSG处理供体羊仅需注射1次，操作方便，但因半衰期太长而使发情期延长，虽然使用PMSG抗血清可以降低半衰期的不良影响，但剂量很难掌握。目前多采用FSH进行超排处理，连续注射3~5d，每天2次，剂量均等递减。此外，超排效果受到母羊遗传特性、体况、年龄、发情周期的阶段、产后时间的长短、卵巢功能、季节、激素的质量和用量等多种因素的影响。因此，要避免这些因素对肉羊超排效果的影响。

2. 超排羊配种

超排母羊排卵持续期可达10h左右，并且精子和卵子的运行也会发生某种程度的变化，要严密观察供体发情表现。当观察到超排供体母羊接受爬跨时，即可进行配种。如果采用人工授精，应加大授精剂量，间隔6~12h后再进行第二次授精。对超排后发情不明显的母羊应仔细观察，上午发现发情的可进行第1次输精（或下午输精）。如果三次配种以后仍表现发情并接受爬跨的母羊，多为卵泡囊肿的表现，不易回收胚胎。

（三）胚胎收集和利用

胚胎的收集和利用包括胚胎的收集、胚胎鉴定和评定、胚胎冷冻保存和胚胎分割四部分内容。

1. 胚胎的收集

胚胎回收时间。鲜胚在移植时，回收时间以 3～7d 为宜。若进行胚胎冷冻保存或胚胎分割移植时，可以适当延长胚胎的回收时间，但不要超过配种后第 7d。

场所、器械和人员的准备：①手术室要清扫干净并消毒，保持空气清新。②金属器械用化学消毒法消毒，即将 0.5%亚硝酸钠与 0.1%新洁尔灭溶液混合后浸泡 30min 或用纯来苏儿浸泡 1h；玻璃器皿、创布和敷料等物品和用具必须进行高压灭菌；冲卵管、移卵管、吸-冲卵液用的注射器、收取胚胎冲洗液的接卵杯、保存胚胎的培养皿和解剖针等一切与卵接触的用品，消毒后使用前，还须用灭菌生理盐水及冲卵液洗涤。③施术人员首先要将指甲剪短，并锉光滑，除去各个部位的油污，再用氨水—新洁尔灭浸泡消毒。也可以用肥皂水—酒精消毒。

冲卵液和保存液的制作。目前常用的冲卵液是杜氏磷酸盐缓冲液（PBS）以及 199 培养液，这些合成的培养液还可以用于胚胎体外培养、冷冻保存和解冻等过程，是比较理想和通用的冲卵液和保存液，配制方便，室内和野外均可以使用。改良杜氏磷酸盐缓冲液（PBS）配置过程要严格遵循无菌操作，配制方法如下：①在容量瓶内依次加入氯化钠 8g、氯化钾 0.2g、磷酸二氢钠 1.15g、磷酸二氢钾 0.20g、牛血清白蛋白 3g、葡萄糖 1g、丙酮酸钠 0.036g，抗生素 0.2g（青链霉素），再加入 700ml 三蒸水配成Ⅰ液；②称取无水氯化钙 0.2g 溶于 100ml 三蒸水中配成Ⅱ液；③再称取氯化镁（6 个结晶水）0.1g 溶于 100ml 三蒸水中配成Ⅲ液；④最后将Ⅰ液、Ⅱ液和Ⅲ液混合后定容至 1 000ml，调 pH 值至 7.2 之后用 G6 滤器抽滤灭菌，密封后在 4℃保存 3~4 个月，不可在低温冰箱中保存。如果胚胎在体外短期保存和无条件配制 PBS 时，可采用生理盐水做冲卵液。

供体羊术前准备。在胚胎回收前一日或当日，用腹腔镜观察卵巢的情况，以确定能否用手术法进行采卵。对于卵巢发育良好，适宜于手术操作的供体母羊，在手术前一日（18~24h）停止饲喂饲料，只给少量饮水，避免腹压过大造成供体生殖器官的损伤和手术困难，并对术部剃毛，可采用干剃法，将滑石粉涂于剃毛部位，用剃刀剃毛，然后用干毛刷将断毛清除干净。在手术台保定以前用腹膜外腔麻醉或局部浸润进行术前麻醉，用 9 号针头（体型较大的羊针头号再大些）垂直刺向百会穴（最后腰椎与荐椎的椎间孔）3~5cm，接上吸有 20%盐酸普鲁卡因（6~8ml）的注射器进行缓慢推注，如推注时感觉阻力很小，说明部位正确，如有阻力，表明针头位置不在腹膜外腔，需要调整针头位置。一次麻醉方法可持续 2h 以上，另外也可给合使用静松灵和阿托品，每头羊颈部皮下 1 次肌注 2ml 静松灵，注射 0.5ml 阿托品，5~10min 即可产生麻醉效果。术部位置一般在腹中线乳房前 3~5cm 处，先用 2%~4%的碘酒消毒，晾干后再用 75%的酒精棉球涂擦脱碘。

采卵过程。手术开始后，按层次分离组织，皮肤用外科刀 1 次切开皮肤，成一直线切口，长 4~6cm，用钝性分离的方法沿肌纤维的走向分层切开肌肉，最后切开腹膜。切开过程中注意及时用灭菌药用纱布止血。腹内脏器暴露后，铺上一块消过毒的清洁创布。术者用中指和食指由切口伸入腹腔，在与骨腔交界的前后位置触摸母羊子宫角，由于子宫壁有较发达的肌肉层，质地较硬，手感易与周围的肠道及脂肪组织区分。摸到子宫角后，用二指夹持住，因势利导牵引至创口表面，先沿一侧的子宫角至该侧的输卵管，在其末端转弯处找到该侧卵巢。不要用手去捏和牵拉卵巢，及触摸充血状态的卵泡，以免引起卵巢出血和被拉断。观察并记录卵巢表面上的排卵点和卵泡发育情况，如果卵巢上有排卵点表明有卵排出，即可采卵，无排卵点，不必冲洗该侧。

采卵的方法通常有洗输卵管冲洗法、子宫冲洗法和输卵管-子宫冲洗法。

输卵管冲洗法。先将冲输卵管的一端从输卵管伞的喇叭口插入2~3cm深（用丝线打一活结扣或用钝圆的夹子或助手用姆指和食指固定），冲卵管另一端接集卵皿。用注射器吸取2~4ml 37℃的冲卵液，在子宫角与输卵管连接的输卵管一侧，将针头朝着输卵管方向插入。控紧针头，推压注射器，将冲卵液经输卵管冲至集卵皿。操作过程要注意下几点：①针头从子宫角进入输卵管时必须看清输卵管的走向，与周围系膜相区别，只有当针头在输卵管内进退通畅时，才能进行冲卵。如果冲卵液误注入系膜囊内，会引起组织膨胀或冲卵液外流，导致冲卵失败；②冲洗时要将输卵管、特别是针头插入的部位尽量撑直，保持在一个平面上；③推注冲卵液的速度和力量要适中，过慢或停顿，卵子很容易滞留在输卵管弯曲和皱襞内，影响取卵率，用力过大，会造成输卵管壁的损伤，使冲卵管脱落和冲卵液倒流；④冲卵时避免针头刺破输卵管附近血管，把血带入冲卵液，造成检卵困难；⑤集卵皿的位置要尽可能的低于冲输卵管的一端，要避免气泡。输卵管冲洗法卵的回收率较高，用的冲卵液较少，能够节省检卵时间，但是组织薄嫩的输卵管（特别是伞部）很容易造成术后粘连，影响繁殖力。

子宫冲洗法。在子宫角的顶端靠近输卵管的位置用针头刺破子宫壁上的浆膜，将冲卵管导管插入子宫角腔并固定，导管下接集卵杯。在子宫角与子宫体相邻的远端用针头刺破子宫浆膜，再将含有10~20ml冲卵液的钝性针头注射器插入，用力捏紧针头后方的子宫角，迅速推注冲卵液，使胚胎经过子宫角流入集卵管。子宫冲洗法回收胚胎率要比输卵管冲洗法低，所需冲卵液较多，检查卵时需要集卵管先静置一段时间，等卵沉降至底部后，再将上层冲卵液小心移去，才能检查下层胚胎，所以花费时间较多。

输卵管-子宫冲洗法。这种冲洗法可以最大限度地回收受精卵，有两种操作方法：①先后将上述两种方法各操作1次。②先固定子宫角的远端，由输卵管伞部向子宫方向注入一定量的冲卵液，使输入管内的卵被带入子宫内，之后再用子宫冲洗法回收。为防止粘连，操作过程中，可用37℃的灭菌生理盐水（或低浓度的肝素稀释液）散布于各器官上。冲卵结束后，不要在器官上撒含有盐酸普鲁卡因的油剂青霉素，否则容易招致粘连的发生。、全部冲洗完毕，复位后，开始缝合，腹膜和腹壁肌肉可用肠线作螺旋状连续缝合，腹底壁的肌肉作锁扣状的连续缝合，丝线和肠线均可，皮肤一律用丝线作间断性结节缝合。皮肤缝合前，可撒些磺胺粉等消炎防腐药。缝合完毕，伤口周围涂以碘酒后用酒精消毒。

2. 胚胎的鉴定和评定

检卵前的准备。检卵吸管的制作及处理，用长8cm、外径4~6mm的厚壁、质硬和无气泡玻璃管在酒精灯上转动加热，等玻璃管软化呈暗红色时迅速取下，两手和玻管保持直线用力拉长，使中间拉长部分外径达到1.0~1.5cm，从中间割断后将断端在火焰上烧光滑，尖端内径250~500μm即可符合要求。将拉好后的吸管尖端向上，竖放在洗液中浸泡一昼夜，然后用水冲洗后再用蒸馏水将吸管内外冲洗干净，烘干包好，用前再进行干烤灭菌和给吸管粗端连接一段内装玻璃珠的乳胶管，即可用来吸取胚胎。

胚胎的检查。将回收到的冲卵液放于玻璃器皿中，37℃静置10min，等胚胎沉降到器皿底部后，移去上层液开始检查卵，主要检查胚胎数量多少和发育情况。在性周期第 7 日回收的绵羊胚胎约 140μm。回收液中往往带有黏液和血凝块而把卵裹在里面，不易识别而被漏检，此时要用加热拉长的玻璃小细管或解剖针轻轻拨开或翻动以便查找。检卵室外的温度要保持在 25~26℃。检卵杯要求透明光滑，底部呈圆凹面，有利于胚胎滚到杯的底部中央，节省捡卵时间。在显微镜下看到胚胎后，用吸卵管将所有胚胎移入含有新鲜 PBS 的清洁小培养皿中洗涤 2~3 次，以去除胚胎上的污染物，每次更换液体时，要用吸卵管吸取转移胚胎，尽量减少吸入前一容器内的液体。胚胎清洗后，放入新鲜有小牛血清的 PBS 中直到移植。移植前如贮存时间超过 2h，每隔 2h 要更换 1 次新鲜的培养液。在 25~26℃的温度下，胚胎在在含有 20%小牛血清 PBS（PBSS）液体中可保存 4~5h，若想保存更长的时间，则要对胚胎进行降温处理。胚胎在液体培养基中温度接近 0℃时，虽然细胞组成成分特别是酶不太稳定，但仍可保存一天以上。

胚胎质量鉴定。目的是选出发育正常的肉羊胚胎进行移植，以便提高胚胎移植的成活率。鉴定受精卵时用拨卵针进行拨动，从不同的侧面观察。鉴定胚胎主要包括以下内容：形态，匀称性，胚内细胞大小，胞内胞质的结构、颜色及是否有空泡，细胞有无脱出，胚内有无细胞碎片和透明带完整性。正常的胚胎呈球形，发育阶段能够达到回收时应有胚龄，胚内细胞结构紧凑、细胞间界限清晰、细胞大小均匀、排列规则和颜色一致。细胞质中有些均匀分布的小泡，无细颗粒。有较小的卵黄周隙，直径规则，泡内没有碎片。透明带无萎缩和皱纹。未受精卵无卵周隙，透明带内是一个大细胞，胞内有较多颗粒或小泡。桑椹胚阶段可见卵周隙，透明带内有一细胞团，光线适当时，可见胚内细胞间明显的分界。变性胚卵周隙很大，内细胞团的细胞松散，细胞大小不一或是很小的一团，细胞界限不清。处于第 1 次卵裂后期的受精卵，其透明带内有一纺锤状细胞，可见胞内两端有呈带状排列的较暗杆状物（染色体）。山羊 8 细胞以前的胚胎是单个卵裂球，均具有发育成正常羔羊的潜力，早期胚胎中一个或几个卵裂球受损，不影响其后的存活力。

3. 胚胎冷冻保存

胚胎冷冻保存就是对肉羊胚胎采取特殊的降温处理，使其在-196℃条件下代谢停止而进行的长期保存，同时升温后其代谢又能恢复。胚胎冷冻的用途及优点如下：①可减少同期发情受体需要量；②可在全世界运输优良的肉羊种质，降低成本；③贮存肉用山羊非配种季节的胚胎在最适宜时间移植；④可建立肉羊种质资源库，有利于保种。研究报导将优质肉羊（德国肉用美利奴羊或无角陶赛特羊）胚胎冷冻后并解冻移植，可获得 60%的妊娠率和 44.44%的产羔率（王丽娟等，2003；赵霞，2007）。如同冻精一样，肉羊胚胎冷冻保存是今后胚胎保存的方向，应用前景广阔。

肉羊胚胎冷冻保存有多种改进方法，但主要有快速冷冻法和一步冷冻法两种，基本程序如下：添加低温保护剂并进行平衡→将胚胎装进细管里，放人降温器诱发结晶→慢速降温→投入液氮（-196℃）中保存→升温解冻→稀释脱除胚胎里的冷冻保存剂。

快速冷冻法。这种方法胚胎冷冻解冻后移植成活率高，是目前最为成熟和最常用的方法，但操作繁琐，并且需要专门的冷冻仪器。具体操作步骤为：①胚胎的收集，收集方法同前述，胚胎冷冻以 7~8 日的受精卵为宜；②加入冷冻液，室温条件下在洗涤后的胚胎中加入 1.5mol/L DMSO 或甘油的冷冻液中平衡 20min；③装管和标记，一般用 0.25ml 的精液冷冻细管进行装管，将细管有棉塞一端插入装管器，将无塞端先伸入保护液中吸一小段保护液（Ⅰ段）和一小段气泡，再在显微镜下吸取含有胚胎的保护液（Ⅱ段）然后再吸一个小气泡后，再吸一段保护液

（Ⅲ段），随后用聚乙烯醇塑料沫填塞无棉塞的一端，最后向棉塞中滴入保护液和解冻液；④冷冻和诱发结晶，快速冷冻时，要对胚胎进行降温处理。胚胎在液体培养基中，逐渐降温前先做一个对照管，对照管按胚胎管的第Ⅰ、第Ⅱ段装入保护液。把冷冻仪的温度传感电极插入Ⅱ段液体的中上部，放入冷冻器内，如果使用RPE冷冻仪，可以调节液氮面和冷冻室的距离。冷冻室温度降至0℃并维持10min后，将盛有胚胎的细管放入冷冻室内，平衡10min，然后调节冷冻室至液氮面的距离，以1℃/min降至-5~7℃，此时可诱发结晶（可以由室外温度开始以同样速度降至-5~7℃）。诱发结晶时，用预先在液氮中冷却的大镊子提起试管（夹住含胚胎段的上端），3~5s即可看到保护液变为白色晶体，之后再把细管放回冷冻室。全部细管诱发结晶后，在此温度下平衡10min。在此期间，仍可见温度在下降，在-9~10℃时温度突然上升至-5~6℃，接着缓慢下降。这种现象是由于对照管未诱发结晶，保护液自然结晶时放出的热所导致。10min后，温度可能降至-12℃左右，此时重新调节冷冻仪至液氮面的距离，以0.3℃/min的速率降至-30~40℃后再放入液氮内保存；⑤解冻和脱除保护剂，冷冻胚胎的快速解冻优于慢速解冻。快速解冻指使胚胎在30~40s内由-196℃快速上升至30~35℃，瞬间通过危险温区从而避免了冰晶的形成，不会对胚胎造成较大破坏，解冻方法为：预先准备30~35℃的温水，将装有胚胎的细管从液氮中取出后立即投入温水中，并轻轻摆动1min后取出，完成解冻过程。胚胎在解冻后，还必须尽快脱除保护剂，使胚胎复水，这样移植后的胚胎才能继续发育。目前多用蔗糖液一步或两步法脱除胚胎里的保护剂，胚胎解冻后，在室温下放入用PBS配制成0.2~0.5mol/L的蔗糖溶液中保持10min，在显微镜下面观察，胚胎扩张至接近冻前状态，则认为保护剂已被脱除，然后将胚胎移入PBS中进行检查和移植。

一步冷冻法。①以添加20%犊牛血清的PBS液为基础液，配制10%的甘油、20%1，2-丙二醇的混合Ⅰ液和25%甘油、25%1，2-丙二醇的混合Ⅱ液做为玻璃化液，胚胎先在室温20℃下移入Ⅰ液平衡10min后再移入Ⅱ液；②取一支0.25ml的冷冻细管，两端分别装入含1mol/L蔗糖的PBS稀释液，中间装入Ⅱ液，之后将Ⅰ液中的胚胎直接转移到Ⅱ液中，封口标记，将细管垂直缓慢地插入液氮罐内充满液氮的提斗中；③解冻时，从液氮中取出含有胚胎的细管，立即缓慢插入20℃的水浴中，数秒后用绵球将细管外的水擦干，剪去两端，将里面的液体和胚胎一起吹入培养皿，再转移到含有20%小牛血清的PBS溶液中，反复冲洗3遍。冷冻胚胎在解冻后移植前要经过活力和培养鉴定后方可进行移植。此法保存时操作简便，受胎率可达50%以上。

4. 胚胎分割

肉羊早期胚胎的每个卵裂球都有独立发育成个体的全能性，通过对胚胎进行分割，可以人工制造同卵双生或同卵多生羔羊，它大大地扩充了胚胎的来源。Torunson等（1974）首次用胚胎分割方法获得2只绵羊羔。Willadsen等（1979）用胚胎分割方法分离绵羊2细胞期胚胎的两个卵裂球，经体内培养到桑椹胚晚期和囊胚早期时进行移植，获得5对同卵双胎羔羊。李建等（2005）用胚胎分割方法分离波尔山羊早期囊胚，移植同期发情受体母羊后，有5只妊娠，3只流产，获得3只正常半胚羔羊。虽然胚胎分割在山羊和绵羊上取得了一定的效果，然而，胚胎分割后母羊的产羔率仍较低，胚胎分割技术还有待进一步优化和提高。

胚胎分割方法主要有显微操作仪分割法和手工分割法2种。

显微操作仪分割法。显微操作仪的左侧用固定吸管固定肉羊胚胎，右侧将切割刀（针）的切割部位置于胚胎的正上方，并垂直施压，当触到平皿底部时，稍加来回抽动，则可从中央将胚胎的内细胞团等分切开。此外，也可在透明带上作一个切口，吸出并切割半个胚胎。此法成功率高，但对仪器设备的要求较高，成本昂贵。

手工分割法。先自制切割刀片，将市场上购买的刮胡刀片的刀口部分折成 30°角后，再用砂轮将其尖端背侧磨薄，之后用医用止血钳夹住刀片即可以进行切割操作。切割前先用 0.1%～0.2%的链霉蛋白酶软化透明带，在实体显微镜下，将胚胎置于微滴中进行等分切割，切开后要及时加入液体。这种方法简单易行，但对操作的经验要求高。

显微操作仪分割法和手工分割法获得的半胚可分别装入空透明带中，或者直接进行移植。胚胎分割过程中，若分割胚为囊胚，则必须沿着等分内细胞团方向分割胚胎。实验证明，分割后的半胚在冷冻后再解冻并进行移植后，仍然具有发育成新个体的能力，通过这种方法获得的后代在育种上称为异龄双生后代，具有极其重要的利用价值。因此，将胚胎移植技术与胚胎冷冻技术、胚胎分割技术结合起来，不仅可以获得大量胚胎，还可使胚胎移植能随时随地进行，极大地促进了胚胎移植技术的推广。

（四）胚胎移植操作

1. 移植胚胎的器械

除了外科手术器械外，目前国内尚无商品化的移卵管和吸卵管，需要自制。最简单的自制方法是用直径为 0.6～0.8cm 的玻璃管经火焰灼烧后拉成前端弯曲（或直的）内径为 0.1～0.5cm 的吸管（前部稍尖），在后端装一个橡皮吸球，即可进行输卵管移卵。子宫内移卵时，要先用一针头在子宫壁上扎一小洞，之后再插入移卵管。此外，也有采用套管移植的方法，取 12 号针头一根，与注射器连接的接头去除，将其尖端磨平，变成一个金属导管，再接上一段细的硅胶管与其相连，即可用于肉羊受精卵移植。

2. 移植适宜时间

移植胚胎的时间，除要考虑供体和受体发情同期化以外，还要考虑移植胚胎的发育必须和受体子宫的发育相一致，子宫的发育依经验根据黄体的表型特征来鉴定。由于供体羊用的是超排卵，每个卵子排出的时间往往存在差异，所以不能只考虑发情同期化。在胚胎移植前，还要对受体母羊进行仔细检查，如果黄体发育到所要求的程度，即使与发情后天数不吻合也可以移植；相反，就不能移植。

3. 移植时受体母羊的准备

受体母羊在移胚前应确定卵巢黄体发育良好。有条件的可进行腹腔镜检察，以确定黄体的数量、质量以及所处的位置，移植时无需拉出卵巢进行检查。受体母羊术前一日剃毛，并饥饿 20h 左右。

4. 移植操作

移植肉羊胚胎分为输卵管移植和子宫移植两种。从输卵管获得的胚胎，应从伞部移入输卵管中，从子宫获得的胚胎，应当移植到子宫角前 1/3 处。吸胚胎时，先用吸管吸入一段培养液，再吸一个小气泡，之后再吸取胚胎和一个小气泡，最后吸一段培养液，这样操作可以防止移动吸管时将胚胎丢失。

输卵管法移植前需注意输卵管前近伞部处往往因输卵管系膜的牵连，容易形成弯曲，不利于输卵，所以移卵者应使伞部的输卵管处于较直状态，以便于牵出的输卵管部分处于输管系膜的正上面，并能看见喇叭口一侧。移卵者将移卵管前端插入输卵管喇叭口，然后缓缓加大移卵管内压力，把含有胚胎的保存液注入输卵管内，移卵时移卵管内液体不宜过多，否则会引起倒流，造成卵子流失。移卵后要保持输卵管内压，抽出移卵管。输卵后再镜检移卵管，观察是否还有胚胎的存在，若没有则说明已移入。即时将器管复位，并做腹壁缝合。

子宫移卵时，将移植的胚胎吸入自制的移卵管后，直接用钝性导管插入母羊的子宫角腔，当移卵管插入子宫腔内时，会有种插空的手感，此时，稍向移卵管内加压即可输入液体，若移卵管内的液体不发生移动，需调整钝性导管或移卵管的方向，或者是深浅度，再行加压，直至顺利注入液体为止。

（五）胚胎移植后母羊的饲养管理

1. 早期饲养管理

胚胎移植后应注意随时观察受体母羊第一个情期发情、受孕情况，判断胚胎移植是否成功，移植后30~45d内可用B超诊断仪或其他方法对受体母羊进行妊娠诊断。

胚胎移植后前3d，要对受体母羊要进行消炎，连续3d注射青霉素或链霉素（2次/d）。移植后7d内，采取舍饲饲养，饲草、饲料要优质、多样化而且易消化，不喂霉变、霜冻和酒糟这些易导致流产的饲料和冷水。夏季注意驱虫防蝇。放牧行走要慢而稳，不要惊吓羊只。移植7d后，刀口愈合后应及时拆取缝合线。此后饲养管理的重点要转移到增膘和保胎方面，同时注意观察羊只有无发情和其他异常情况。移植后一般不注射疫苗。前3个月内适当限制能量饲料，多补充维生素和微量元素。

2. 中后期饲养管理

胎羔从3月龄起，生长发育迅速加快，营养需求量也随之增加，因此，应根据营养需求增加母羊能量和蛋白的需要量，同时要保证微量元素和维生素的供给，饲喂易消化、质量优的饲料。母羊精饲料要达到0.5~0.8kg（只/d），精料中玉米、豆粕、麸皮的比例分别在60%、20%、16%左右。精料的喂量要由少到多逐渐增加，分早、晚两次饲喂。水温要达到20~30℃，严禁饮冰水和雪水。对于长期舍饲的母羊还要进行适当运动，以提高羊只抗病力和减少难产的发生。

3. 临产期饲养管理

肉羊的怀孕期平均为150d左右，提前或推后几日分娩均属正常现象。当受体母羊怀孕到140d左右，就要做好产羔的准备工作。产房要清洁干净、空气清新，消毒并具有保温设施，舍温要达以10℃以上。出现难产要及时进行救助。

4. 产羔后饲养管理

母羊产羔后身体较弱，产羔后先给母羊饮水，其中加入少许食盐或麸皮，然后再喂给优质粗饲料，最后再喂少量精料，精料量在产后3d内应控制在0.25kg以下，以后逐渐增加，粗饲料可实行自由采食。

第四章　智慧羊场

智慧羊场即借助于互联网技术，使传统农业向现代化农业转型，包括设施的升级及商业模式的演变，智慧羊场的核心在于信息化和机械化，使羊场的运作更容易为生产者与消费者所理解，使从事生产的人员与设备更容易管控，同时也让信息、人员、产品及生产要素更有效率地流动。

第一节　羊场自动驾驶仓构建和特点

一、羊场自动驾驶仓构建

羊场自动驾驶仓技术是指将繁殖技术各关键环节模块化，集成到管理平台，管理者只要打开电脑就可以实时监控和管理所辖的羊场。简单地说就如驾驶员进入驾驶室一样。它的构建包括智能化羊场生产管理、生产过程实时监控、互联网全程链接、数据库智慧云整合 4 个方面。

（一）智能化的羊场生产管理

智能化的羊场生产管理是指按照现代羊场标准化和规范化建设，成熟的生产繁育体系和充分运用现代化的生产设备设施进行生产管理。标准化和规范化建设的主要包括：羊场的选址，羊场的规划布局，羊舍的设计参数。

1. 羊场的选址

羊场的选址遵行的原则是符合当地土地利用发展总体规划，

与农牧业发展规划、农田基本建设规划等相结合，科学选址，布局合理，符合动物防疫条件。具体的要求有地势高燥、向阳背风、地下水位较低，地面总体平坦并略有缓坡；选择水源充足、水质良好、水源周围没有污染、取用方便的地方；要综合考虑当地气象因素，如最高温度、最低温度、湿度、年降雨量、主风向和风力等，选择有利地势；交通便利，但应离公路、铁路等主干线500m以上；需要考虑周边的环境，如应位于距城镇、学校、村庄等居民聚集点、生活饮用水源地500m以上的下风处；距离动物屠宰加工场所、动物和动物产品集贸市场500m以上；距离种畜禽场1 000m以上；距有毒害的化工厂、畜产品加工厂、屠宰厂、医院、兽医院、同类饲养场等1 500m以上；距离动物隔离场所、无害化处理场所3 000m以上。

2. 羊场的规划布局

羊场的规划布局一般分为4个功能区，即生活办公区、生产区、生产辅助区、病羊隔离与粪污处理区。各个区功能明确，且各区之间的安全距离不应少于15m，并有疫病隔离带。生活办公区需设在场区常年主导风向上风及地势较高处，主要包括生活设施、办公设施、与外界接触密切的生产辅助设施及进场大门等；生产区包括了各类羊舍、运动场、采精授精室。

3. 羊舍的设计参数

羊舍的设计参数的设定是根据羊的品种、数量和饲养方式而定。羊舍和运动场的面积都有一定的要求。成年种公羊为4.0~6.0m²；产羔母羊为1.5~2.0m²；断奶羔羊为0.2~0.4m²；其他羊为0.7~1.0m²。产羔舍按基础母羊占地面积的20%~25%计算，运动场面积一般为羊舍面积的1.5~3倍。羊舍的温度和湿度应根据不同的季节进行设定，冬季产羔舍最低温度应保持在10℃以上，一般羊舍0℃以上，夏季舍温不应超过30℃。羊舍应保持干燥，地面不能太潮湿，空气相对湿度应低于70%。为了保持舍内空气的新鲜，应具备良好的通风换气性能。采光设计时，应按照既利于保温又便于通风的原则灵活掌握。羊舍的长度、跨度和高度应根据所选择的建筑类型和面积确定。

（二）生产过程的实时监控

生产过程的实时监控指通过各种仪器设备实现整个生产过程实时监控，便于生产者的远程管理及消费者的生产知晓。主要包括两个方面。一是对舍内光照、温度和湿度等环境条件的检测设备的实时监控，以保证舍内的正常的环境条件；二是对养殖场的畜禽生产过程进行实时的监控，做到对舍内羊群的饲喂情况、健康情况得到及时了解，并以最快的速度采取相应的措施。

（三）互联网全程链接

互联网式全程链接是指运用发达的互联网技术，将各生产要素有机的链接在一起，实现“人—人”“人—机”及“机—机”等三方面的无缝对接。

（四）数据库智慧云整合

数据库智慧云整合指将已有的数据库通过智慧云端整合，更加高效地利用现有数据库资源。最后一部分是指通过互联网对数据进行整合，以发现在生产过程中所出现的问题，并做出改进。

羊场管理者通过这 4 个部分的完善，最终实现在电脑前对羊场的实时监控和管理。

二、羊场自动驾驶仓的特点

羊场自动驾驶舱的特点主要包括如下几点：

（一）生产智能化

感知技术、传输技术、处理技术及控制技术在内的现代化信息技术合理嵌入到羊场生产体系中，实现整个生产过程的智能化；

（二）精准管理

通过监控系统、遥感系统、定位系统、人工智能等高新技术对羊场内的环境参数以及羊群生理状况进行准确采集并熟知，驾驶员通过这些精准的信息对羊场内以及羊群进行管理；

（三）节约资源

通过精准地了解采集羊场内的环境和羊群的生理状况，实时地进行智能控制，使其达到最佳状态，可以有效的节约饲料、水以及药物等其他资源；

（四）为新品种培育提供更好的条件

通过高新技术对羊场的环境的改善，为培育优良品种羊提供更好的条件；

（五）无害化

区别传统的工厂化的高密度养殖模式，实现绿色无公害改造并建立食品安全信息数据库，以确保整个羊场生产过程安全健康无公害。

第二节　肉羊生产管理系统的使用

随着我国肉羊生产向规模化、专业化和集约化方向的不断发展，一个羊场要取得最佳经济效益，不仅要依靠优良的高产品种、科学的繁育方法和先进的饲养管理技术，而且要求生产经营者采用现代肉羊生产和经营管理方法，特别是在专门化肉羊品种群体小、杂交繁育体系不健全、生产经营方式落后等条件下，提高肉羊育种、繁殖、饲养、经营等方面工作的准确性、自动化和规范化，是促进肉羊场开展标准化生产和提高经营管理效率所必需的。因此，我们根据我国现代肉羊规模化生产的实际情况，运用现代比较育种学原理和养羊科学技术知识，结合计算机应用技术的发展趋向，本着功能齐全、技术先进、方法科学、操作性强和简单易用等原则，由华中农业大学开发了肉羊生产管理系统（http：//cars. hzau. edu. cn/），可以为现代肉羊生产者提供有益的帮助。

基于网络的肉羊生产管理和疾病诊断辅助系统是利用现有的肉羊疾病诊断知识和专家积累的经验，采用 PHP、VBscript、JavaScript 等网络语言、数据库技术开发的。系统主要功能是数据录入、数据删除与修改、生产报表、数据备份、系统还原、疾病诊治、疾病资料学习这八个方面。并同时面对普通用户和管理用户，根据使用者身份不同而赋予不同的权限，尽可能保证数据库的安全。普通用户可使用浏览、查询等功能，但不能使用数据备份与系统还原功能，管理者则可以使用这两项功能，以实现对系统数据库的更新和维护，并管理普通用户的账号。

肉羊生产者在使用肉羊生产管理系统过程中，在进入国家肉羊产业体系网页界面中，有 3 个可点图标，分别是肉羊产业技术体系、特色服务和数据库。其中肉羊产业技术体系界面分为 7 个板块，分别为育种繁殖、疾病防治、饲养管理、新闻快讯、产业体系、产业资讯和饲草饲料。在这个界面里面基本上可以了解到管理肉羊生产管理的各个方面，给肉羊生产者能提供一个全面的知识体系；在特色服务包含种羊注册系统、羊疾病诊断系统、羊病检索系统、中国山羊地理信息管理系统和宜昌白山羊种羊注册系统。在特色服务中的种羊注册系统，通过使用现代计算机技术实现种羊成长繁育全生命周期及其种羊管理的标准化、科学化、透明化。羊疾病诊断系统和羊病检索系统为羊病的防治提供了方便快捷的疾病确定和相应的治疗方案，为羊的生产管理提供极大的帮助。在中国山羊地理信息管理系统和宜昌白山羊种羊注册系统中我们可以了解到全国山羊地理信息以及宜昌白山羊的种羊注册；数据库包含了 16 种数据库，分别为肉羊产业技术国内外研究进展数据库、肉羊产业全国省级以上立项的科技项目数据库、肉羊产业全国从事研发的人员数据库、肉羊产业主要仪器设备数据库、其他主产国肉羊产业技术研发机构数据库、中国山羊品种资源数据库、中国绵羊品种资源数据库、种羊生产企业数据库、肉羊传染病数据库、肉羊普通病数据库、肉羊寄生虫病数据库、肉羊饲料资源与营养成分数据库、肉羊加工技术数据库、肉羊屠宰加工企业名录数据库、肉羊生产与贸易数据库、肉羊设施与设备数据库。这些数据库比较全面地包含了有关肉羊产业的方方面面的信息，为养羊生产者提供了有用的信息。

除了通过在肉羊产业技术体系网站内了解信息之后，用户还能通过注册肉羊生产管理系统，进入此数据库中，包含了 10 项肉羊生产管理系统数据库（图 4-1）。从这些数据库中用户可以填写基本信息、性能测定、繁殖信息、屠宰测定、种羊鉴定、免疫记录、药品信息、用户信息、销售信息，以及体现羊只的育种价值的育种值估计，通过这些数据的管理，使得羊场在实际生产过程中能直观地观察到肉羊的生产性能，并且通过育种值的计算，以便于选种，为生产带了高效持续的经济效益。

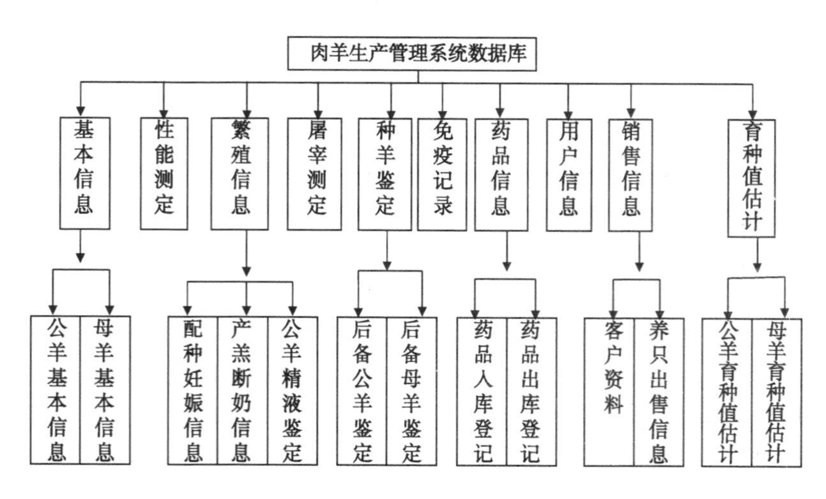

图 4-1 肉羊生产管理系统数据库结构

主要参考文献

常洪 . 2009. 动物遗传资源学 [M]. 北京：科学出版社 .

陈天国，易华锋，张廷科，等 . 2006. DNA 分子标记与动物遗传育种 [J]. 畜牧市场（8）：47-49.

陈童，林嘉鹏，黄俊成 . 2011. 不同处理方法对萨福克肉羊超排回收效果的影响 [J]. 中国畜牧兽医，38（4）：159-161.

傅润亭，樊航奇 . 2004. 肉羊生产大全 [M]. 北京：中国农业出版社 .

韩迪，姜怀志，李向军，等 . 2009. 辽宁绒山羊繁殖性状遗传参数的研究 [J]. 现代畜牧兽医（6）：30-32.

韩天龙，李清泉，毛冉，等 . 2015. 羊精液稀释液保存液的筛选 [J]. 畜牧与兽医，47（9）：45-47.

侯广田 . 2013. 肉羊高效养殖配套技术 [M]. 北京：中国农业科学技术出版社 .

侯广田 . 2012. 肉羊高效养殖配套技术 [M]. 北京：中国农业科学技术出版社 .

滑国华，陈世林，姚红卫，等 . 山羊抑制素 α 亚基基因 HaeⅡ酶切多态性及其与产羔数性状的关联分析 [J].遗传，29（8）：972-976.

姜宁 . 2004. 纯种肉羊胚胎移植技术的研究与应用 [D]. 长春：吉林大学 .

姜勋平，熊家军，张庆德．2010．羊高效养殖关键技术精解［M］．北京：化学工业出版社．
姜勋平．1999．肉羊繁育新技术［M］．北京：中国农业科技出版社．
李观题，李娟．2012．标准化规模养羊技术与模式［M］．北京：化学工业出版社．
李键，邓小东，张红，等．2005．波尔山羊胚胎徒手分割试验［J］．西南农业学报，18（4）：506-508．
刘福元，陈玲香，杨永林，等．2008．萨福克羊精液低温液态保存效果的研究［J］．安徽农业科学，36（25）：10 887-10 889．
刘桂琼，姜勋平，孙晓燕，等．2010．肉羊繁育管理新技术［M］．北京：中国农业科学技术出版社．
慕勇．2015．滩羊同期发情及精液低温保存技术研究［D］．杨凌：西北农林科技大学．
宋传升，董传河．2015．高效养肉羊［M］．北京：机械工业出版社．
王丽娟，张广民，李武．2003．进口肉羊冷冻胚胎移植试验［J］．草食家畜（2）：37-38．
王学君．2003．羊人工授精技术［M］．郑州：河南科学技术出版社．
王占赫，郭玉琴，周双海，等．2006．不同精液稀释液常温保存绵羊精液的效果［J］．当代畜牧（2）：34-36．
席利萌，罗军，杨地坤，等．2015．渗透性冷冻保护剂对山羊精子的冷冻保护效果［J］．西北农林科技大学学报（自然科学版），43（8）：27-32．
夏风竹，田梅．2014．肉羊高效养殖技术［M］．石家庄：河北科学技术出版社．

熊家军，肖峰 . 2014. 高效养羊［M］. 北京：机械工业出版社 .

杨桂霞 . 2014. 葡萄糖—柠檬酸钠精液稀释液的制作与应用效果观察［J］. 当代畜牧，30：25-26.

杨利国 . 2003. 动物繁殖学［M］. 北京：中国农业出版社 .

张春艳 . 2010. 山羊繁殖性状的影响因素和遗传规律及分子调控机制研究［D］. 武汉：华中农业大学 .

赵霞 . 2007. 纯种肉羊超数排卵和胚胎冷冻试验［J］. 黑龙江动物繁殖，15（5）：21-22.

赵兴绪 . 2008. 羊的繁殖调控［M］. 北京：中国农业出版社.

赵有璋 . 1998. 肉羊高效益生产技术［M］. 北京：中国农业出版社 .

赵有璋 . 2011. 羊生产学［M］. 北京：中国农业出版社 .

赵有璋 . 2013. 中国养羊学［M］. 北京：中国农业出版社 .

朱奇 . 2010. 高效健康养羊关键技术［M］. 北京：化学工业出版社 .

Ajayi O O L，Adefenwa M A，Agaviezor B O，et al. 2014. A novel TaqI polymorphism in the coding region of the ovine TNXB gene in the MHC class III region：morphostructural and physiological influences［J］. Biochem Genet，52（1-2）：1-14.

Al-Mamun H A，Kwan P，Clark S A，et al. 2015. Genome-wide association study of body weight in Australian Merino sheep reveals an orthologous region on OAR6 to human and bovine genomic regions affecting height and weight［J］.Genet Sel Evol，47：66.

Arnyasi M，Komlósi I，Lien S，et al. 2009. Searching for DNA

markers for milk production and composition on chromosome 6 in sheep [J]. J Anim Breed Genet, 126 (2): 142-147.

Davis G H, Galloway S M, Ross I K, et al. 2002. DNA tests in prolific sheep from eight countries provide new evidence on origin of the Booroola (FecB) mutation [J]. Biol Reprod, 66 (6): 1 869-1 874.

Dettori M L, Pazzola M, Pira E, et al. 2015. The sheep growth hormone gene polymorphism and its effects on milk traits [J]. J Dairy Res, 82 (2): 169-176.

Esmailizadeh A K. 2014. Genome-scan analysis for genetic mapping of quantitative trait loci underlying birth weight and onset of puberty in doe kids (Capra hircus) [J]. Animal Genet, 45 (6): 849-854.

Han Y G, Ye W J, Liu G Q, et al. 2016. Hepatitis B Surface antigen S Gene is an Effective Carrier Molecule for Developing GnRH DNA Immunocastration Vaccine in Mice [J]. Reprod Dom Anim, 51: 445-450.

Han Y, Liu G, Jiang X, et al. 2015. KISS1 can be used as a novel target for developing a DNA immunocastration vaccine in ram lambs [J]. Vaccine, 33: 777-782.

Jalil-Sarghale A, Moradi Shahrbabak M, Moradi Sharbabak H, et al. 2014. Association of pituitary specific transcription factor-1 (POU1F1) gene polymorphism with growth and biometric traits and blood metabolites in Iranian Zel and Lori-Bakhtiari sheep [J]. Mol Biol Rep, 41 (9): 5 787-5 792.

Macfarlane J M, Lambe N R, Matika O, et al. 2014. Effect and mode of action of the Texel muscling QTL (TM-QTL) on carcass traits in purebred Texel lambs [J]. Animal, 8 (7):

1 053-1 061.

Mahdavi M, Nanekarani S, Hosseini S D. 2014. Mutation in BMPR-IB gene is associated with litter size in Iranian Kalehkoohi sheep [J]. Anim Reprod Sci, 147 (3-4): 93-98.

Martin P, Raoul J, Bodin L. 2014. Effects of the FecL major gene in the Lacaune meat sheep population. Genet Sel Evol, 46: 48.

Mateescu R G, Thonney M L. 2010. Genetic mapping of quantitative trait loci for aseasonal reproduction in sheep [J]. Anim Genet, 41 (5): 454-459.

Matika O, Riggio V, Anselme - Moizan M, et al. 2016. Genome-wide association reveals QTL for growth, bone and in vivo carcasstraits as assessed by computed tomography in Scottish Blackface lambs [J]. Genet Sel Evol, 48 (1): 11.

Roldán D L, Rabasa A E, Saldaño S, et al. 2008. QTL detection for milk production traits in goats using a longitudinal model [J]. J Anim Breed Genet, 125 (3): 187-193.

Sejian V, Maurya V P, Prince L L, et al. 2015. Effect of FecB status on the allometric measurements and reproductive performance of Garole × Malpura ewes under hot semi-arid environment [J]. Trop Anim Health Prod, 47 (6): 1 089-1 093.

Souza C J, McNeilly A S, Benavides M V, et al. 2014. Mutation in the protease cleavage site of GDF9 increases ovulation rate and litter size in heterozygous ewes and causes infertility in homozygous ewes [J]. Anim Genet, 45 (5): 732-739.

Trounson A O, Moore N W. 1974. Attempts to produce identical offspring in the sheep by mechanical division of the ovum

[J].Aust. J. Biol. Sci. , 27: 505-510.

Vatankhah M, Talebi M A. 2008. Genetic parameters of body weight and fat-tail measurements in lambs [J]. Small Runinant Reserch, 75: 1-6.

Wang J Q, Cao W G. 2011. Progress in exploring genes for high fertility in ewes [J]. Yi Chuan, 33 (9): 953-961.

Wang W, Liu S, Li F, et al. 2015. Polymorphisms of the Ovine BMPR-IB, BMP-15 and FSHR and Their Associations with Litter Size in Two Chinese Indigenous Sheep Breeds [J]. Int J Mol Sci, 16 (5): 11 385-11 397.

Willadsen S M. 1979. A method for culture of micro-manipulated sheep embryos and its use to produce monozygotic twins [J]. Nature, 227: 298-300.

Zhang L l, Liu J, Zhao F, et al. 2013. Genome-wide association studies for growth and meat production traits in sheep [J].Plos One, 8 (6): e66569.

Zhang W, Smith C. 1992. Computer simulation of marker-assisted selection utilizing linkage disequilibrium [J]. Theor Appl Genet, 83 (6-7): 813-820.

Zuo B, Liu G, Peng Y, et al. 2014. Melanocortin-4 receptor (MC4R) polymorphisms are associated with growth and meat quality traits in sheep [J]. Mol Biol Rep, 41 (10): 6 967-6 974.

成都麻羊（公羊）

成都麻羊（母羊）

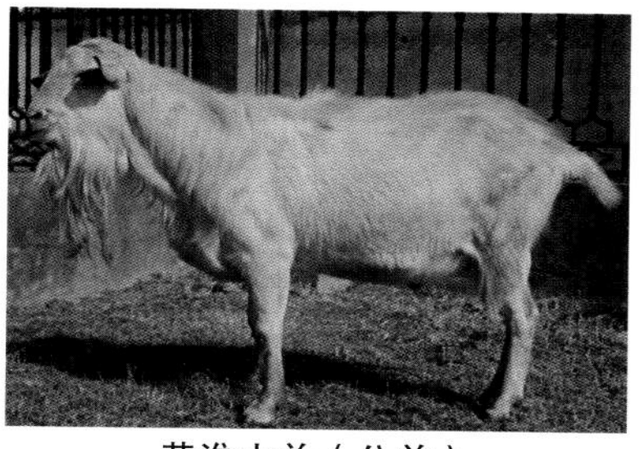

黄淮山羊（公羊）

黄淮山羊（母羊）

贵州白山羊（公羊）

贵州白山羊（母羊）

福清山羊（公羊）

福清山羊（母羊）

子午岭黑山羊（公羊）

子午岭黑山羊（母羊）

建昌黑山羊（公羊）

建昌黑山羊（母羊）

波尔山羊（公羊）

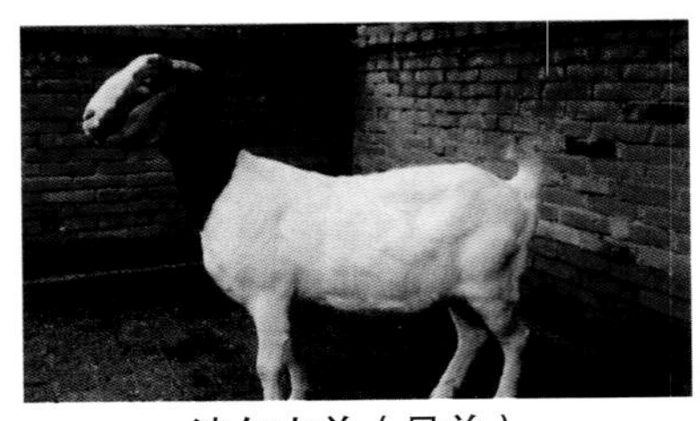

波尔山羊（母羊）

南江黄羊（公羊）

南江黄羊（母羊）

蒙古羊（公羊）

蒙古羊（母羊）

西藏山羊（公羊）

西藏山羊（母羊）

哈萨克羊（公羊）

哈萨克羊（母羊）

阿勒泰羊（公羊）

阿勒泰羊（母羊）

小尾寒羊（公羊）

小尾寒羊（母羊）

滩羊（公羊）

滩羊（母羊）

杜泊羊（公羊）

杜泊羊（母羊）

夏洛来羊（公羊）

夏洛来羊（母羊）

萨福克羊（公羊）

萨福克羊（母羊）

无角陶赛特羊（公羊）

无角陶赛特羊（母羊）

特克赛尔羊（公羊）

特克赛尔羊（母羊）

德国肉用美利奴羊（公羊）

德国肉用美利奴羊（母羊）

巴美肉羊（公羊）

巴美肉羊（母羊）

以上图片除哈萨克羊外全部来自于：家养动物种质资源平台，中国农业科学院北京畜牧兽医研究所，2014

马头山羊（公羊）

马头山羊（母羊）

龙陵黄山羊（公羊）

龙陵黄山羊（母羊）

努比亚山羊（公羊）

努比亚山羊（母羊）

简阳大耳羊（公羊）

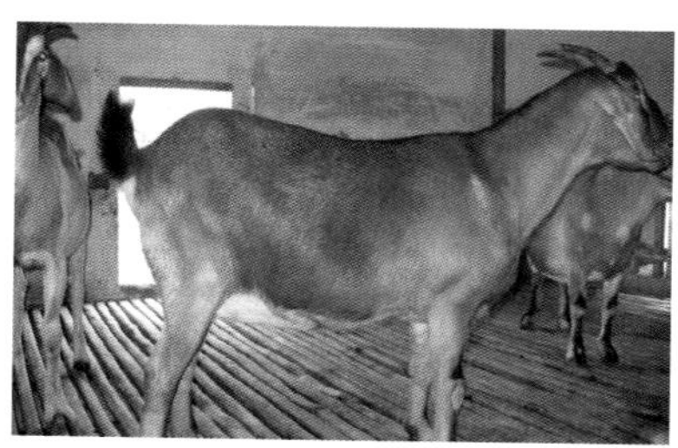
简阳大耳羊（母羊）

湖羊（公羊）

湖羊（母羊）

乌珠穆沁羊（公羊）

乌珠穆沁羊（母羊）

苏泥特羊（公羊）

苏泥特羊（母羊）

巴音布鲁克羊（公羊）

巴音布鲁克羊（母羊）

呼伦贝尔羊（公羊）

呼伦贝尔羊（母羊）

昭乌达肉羊（公羊）

昭乌达肉羊（母羊）